Volker Wiskamp

Und Leid wird nicht mehr sein …
—
Ist globale Nachhaltigkeit realisierbar?

Und Leid wird nicht mehr sein …

Ist globale Nachhaltigkeit realisierbar?

Volker Wiskamp

unter Mitwirkung von

Myriam Ben Nticha, Mojgan Czernik, Hasareh Moradi, Sara Anna Motamedian und Paulina Probersch

Bibliografische Information der deutschen Nationalbibliothek:
Die Deutsche Nationalbibliothek verzeichnet diese Publikation
in der deutschen Nationalbibliografie;
detaillierte bibliografische Daten sind im Internet
über dbn.dbn.de abrufbar.

© 2023 Volker Wiskamp
Herstellung und Verlag: BoD - Books on Demand, Norderstedt

ISBN: 978-3-7578-0891-4

Vorwort

Viele Menschen sind verunsichert, ja geradezu verängstigt: Klimakrise, Artensterben, Überbevölkerung, Ressourcenverknappung, immer wieder Krieg und Vertreibung … Droht der Menschheit eine mit viel Leid verbundene Apokalypse?

Die 17 Nachhaltigkeitsziele der Agenda 2030 der Vereinten Nationen [1] sind umfassend und uneingeschränkt zu befürworten. Es lohnt sich dafür zu kämpfen; doch sind sie auch realisierbar?

Maya Göpel hat für ihren Bestseller »Unsere Welt neu denken« [2] den richtigen Titel gewählt. Einzelmaßnahmen wie Abgasfilter und Kläranlagen zu bauen oder den Verbrennungs- durch einen Elektromotor zu ersetzen, sind gut, reichen aber nicht. Vielmehr muss sich in fast allen Lebensbereichen deutlich etwas ändern, damit das von der großen Mehrzahl der Wissenschaftler sonst für wahrscheinlich gehaltene größte Artensterben in der Geschichte der Erde, inklusiv einer Schrumpfung der Menschheit, gerade noch verhindert werden kann. Wir müssen unseren Lebensstil nicht nur grundsätzlich überdenken, sondern ihn tatsächlich *ändern* (natürlich nicht in allen Belangen).

In den letzten zwei Jahren habe ich eine Buchserie bei Books on Demand (BoD) publiziert [3-7], in der ich die globale Metakrise – einige Aspekte dazu wurden oben genannt – von der Chemie ausgehend fachübergreifend für ein ökologisch orientiertes Studium analysiert habe. Das vorliegende Buch ergänzt Geschichten, die zweierlei verdeutlichen. Erstens, wie faszinierend und deshalb erhaltenswert unser Planet und das Leben darauf sind. Zweitens, warum wir Menschen uns aufgrund unserer Fehler und Schwächen (Neid, Gier, Größenwahn, Betrug, Gewalttätigkeit …) selbst im Wege stehen, um friedlich miteinander und nachhaltig im Einklang mit der Natur zu leben, welche Schäden wir angerichtet haben und immer noch anrichten, aber wie wir angesichts unserer Güte (Altruismus, Nächstenliebe …), unserer Intelligenz und Kreativität Falsches korrigieren und für die Zukunft optimistisch sein können. Die Geschichten stammen aus dem „Buch der Bücher", der Bibel, und aus dem 1975 geschriebenen und aus aktuellem Anlass gerade neu übersetzten Zukunftsroman »Ökotopia« von Ernest Callenbach [8] sowie einer fiktiven Zeitreise in die Vergangenheit von Mensch und Natur, die ich zusammen mit fünf Studentinnen (meinen Koautorinnen) sowie einem Vertreter der künstlichen Intelligenz, ChatGPT-4, als „Reiseleiter" im Rahmen eines fachdidaktischen Experiments unternommen habe.

Der Titel des vorliegenden Buches, »Und Leid wird nicht mehr sein …« ist eine gekürzte Zeile aus dem letzten Buch des Neuen Testaments. Johannes entwickelt in seiner Offenbarung, die auch »Apokalypse« genannt wird, eine mythologisch hoch aufgeladene Zukunftsvision. Darin heißt es sinngemäß, dass es eine neue Welt geben werde, in der das Leid der alten Welt überwunden sei [Offb. 21, 1-5]. Vielleicht entfacht diese schöne Poesie, dass wir heutige Menschen mit dem *Glauben* an uns selbst und unser Potenzial und mit unserer *Liebe* zu jeglicher Form des Lebens die *Hoffnung* bewahren, nicht die letzte Generation zu sein.

Das vorliegende Buch entstand im Sommersemester 2023, nachdem ich nach 68 Semestern an der Hochschule Darmstadt offiziell in den Ruhestand eingetreten bin. Ich habe abschließend noch die Bachelor- und Projektarbeiten von fünf Studentinnen betreut. Teilergebnisse daraus sind in dieses Buch eingeflossen. Myriam Ben Nticha referierte über das neue Hochseeschutzabkommen der Vereinten Nationen [9] und betonte dabei die enorme (und erst zu einem Teil bekannte) Artenvielfalt in der Hoch- und Tiefsee, die Notwendigkeit, sie zu bewahren, und die Bedeutung der Ozeane als die Ökosysteme, aus denen vor langer Zeit die Landlebewesen hervorgegangen sind. Paulina Probersch befasste sich mit dem Ökosystem Moor [10, 11], das ein hervorragender Kohlenstoff-Speicher ist – solange es intakt ist. Trockengelegt für den Torfabbau oder eine landwirtschaftliche Nutzung ist es aber eine erhebliche CO_2-Quelle, sodass seine Wiedervernässung als effektiver Beitrag zum Klimaschutz zunehmend in Erwägung gezogen wird. Sara Anna Motamedian analysierte das Green Chemistry-Curriculum der Yale-Universität in Hinblick auf seine Übertragbarkeit auf ein ökologisch orientiertes Studium der Chemie und Biotechnologie an der Hochschule Darmstadt [12, 13]. Hasareh Moradi entwickelte ein Konzept für eine fiktive Zeitreise in die Ökologie-Geschichte der Erde und der Menschheit. Mojgan Czernik führte eine fachdidaktische Studie durch, wie Aspekte der Nachhaltigkeit in den letzten 15 Jahren in den Kindergarten-Alltag und den Sachunterricht in der Grundschule eingeflossen sind [14]. Außerdem rezensierte sie den Roman »Ökotopia«. Ich danke den fünf Studentinnen recht herzlich für ihre Beiträge und die freundlichen und konstruktiven Diskussionen, die sich bei unseren regelmäßigen Treffen über die Themen dieses Buches ergeben haben.

Darmstadt, im Juni 2023

Volker Wiskamp

Inhaltsverzeichnis

Einleitung

Den in der Abbildung 1 gezeigten Holzschnitt »Die vier apokalyptischen Reiter« von Albrecht Dürer halte ich für eins der eindrucksvollsten Kunstwerke der Menschheit. Konkret bezieht sich das Werk auf die Öffnung der ersten vier Siegel des »Buches mit den sieben Siegeln« in der Offenbarung des Johannes [Offb. 6, 1-8], ist aber von zeitloser Bedeutung. Die Menschen waren schon immer und werden vermutlich auch weiterhin tödlich bedroht sein von Tyrannei, Verfolgung und Vertreibung – symbolisiert durch den ersten Reiter mit Pfeil und Bogen –, vom Krieg – symbolisiert durch den zweiten Reiter mit dem Schwert –, von Teuerung, Knappheit und Hunger – symbolisiert durch den dritten Reiter mit der Waage – sowie von Krankheit, Verfall und Angst – symbolisiert durch den vierten Reiter auf dem fahlen Pferd und mit der teuflischen Gabel.

Abbildung 1: Die vier apokalyptischen Reiter;
Holzschnitt von Albrecht Dürer [15].

Ich habe mich oft gefragt, wie Dürer seine apokalyptischen Reiter heute gestalten würde. Würde er dem ersten Reiter zum Beispiel das Antlitz des Tyrannen Kim Jong-un oder des Ajatollahs Ali Chamenei geben? Dem zweiten Reiter das Gesicht des Kriegsverbrechers Wladimir Putin? Würde er dem dritten Reiter Konfliktrohstoffe wie Lithium, Kobalt oder Seltene Erden auf die Waage legen? Würde er den vierten Reiter, den Teufel, Corona-Viren verteilen, reines Kohlenstoffdioxid ausatmen und Fake News verkünden lassen und ihn statt mit einer Forke mit einem Computer ausstatten, mit dem er Hacker-Angriffe durchführt?

Apokalypsen haben viele Gesichter. In Filmen werden sie besonders gerne dargestellt. Um nur drei Beispiele zu nennen (vgl. [16]): In »The Road« [17] versuchen ein Vater und sein Sohn aus einem postapokalyptischen Amerika (nach einem Atomkrieg?) zu entkommen – mit ungewissem Ausgang; in »2012 – Das Ende der Welt« [18] und in »The Day after Tomorrow« [19] finden wenige Menschen in einer von plattentektonischen Verschiebungen bzw. einer durch klimabedingtes Versiegen des Golfstroms ausgelösten Eiszeit zerstörten Welt gerade noch eine ökologische Nische.

In der Bibel gibt es mehrere Apokalypsen, wovon die Sintflut [1. Mose 6, 5 - 9, 17] wohl die bekannteste ist. Dabei werden Katastrophen von großem Ausmaß, die natürliche Ursachen haben oder von Menschen bewusst oder unbewusst herbeigeführt wurden, als göttliche Strafe verstanden, und des Herrn Gnade ist es zu verdanken, wenn jemand überlebt. Das glauben auch heute noch zahlreiche Menschen; aufgeklärte Menschen vertrauen hingegen eher der Wissenschaft, die aufgrund gesicherter Daten vor möglichen Gefahren warnt, sodass rechtzeitig Präventionsmaßnahmen wie Energieeinsparungen, Brandschutz, Deichbau, Impfungen etc. ergriffen werden können.

Die wissenschaftlichen Prognosen in Hinblick auf Klimawandel, Artensterben, Bevölkerungswachstum, Ressourcenverbrauch, Umweltverschmutzung usw. sind heute in der Tat düster. Dabei weiß man grundsätzlich, was zu tun ist. Es wurde u.a. in den 17 Nachhaltigkeitszielen der Agenda 2030 der Vereinten Nationen [1] formuliert.

In der Offenbarung des Johannes wird die Apokalypse schließlich überwunden, und in einer neuen Welt wird ein besseres Leben verheißen. Bezogen auf die heutige Zeit sollte man fragen, wie eine Erwärmung der Erdatmosphäre um 5-6 Grad und ein dramatisches Artensterben verhindert werden können? Ich möchte vorsichtig bejahen, dass dies möglich ist, und in den folgenden Kapiteln auf unterschiedliche Weise Lösungswege andeuten und dabei schwerpunktmäßig die menschlichen Schwächen und Stärken analysieren, die Lösungen einerseits behindern und andererseits ermöglichen.

Im erstem Kapitel werden biblische Geschichten interpretiert. Ich weiß nicht mehr genau wann es war, vermutlich Ende der 1960er Jahre, als ich im Konfirmandenunterricht vom damaligen Pfarrer Finkentey hörte, dass die Bibel als das „Buch der Bücher" bezeichnet werden könne. Ich habe zu der Zeit nicht richtig verstanden, was er damit meinte; der Begriff hat mich aber stark beeindruckt und sich mir eingeprägt. Sollte die Bibel deshalb nicht mehr sein als ein Glaubenszeugnis, sondern sollte darin nicht auch überzeugend dargelegt sein, warum es sich lohnt, jegliches Leben auf der Erde zu schützen, also die 17 Nachhaltigkeitsziele der UN zu erreichen? Sollte im „Buch der Bücher" nicht auch stehen, wie die Menschen sich selbst und ihrem Lebensraum bislang so viel Schaden zugefügt haben, bewusst oder unbewusst? Und sollten in diesem Buch nicht auch die menschlichen Eigenschaften beschrieben sein, die quasi als „Basisqualifikationen" erforderlich sind, um die Welt zu retten? Nachhaltigkeit im biblischen Kontext – so kann man den fachdidaktischen Ansatz im Kapitel 1 bezeichnen.

Das zweite Kapitel ist eine besondere Besprechung des Buches »Ökotopia« von Ernest Callenbach. Dieses wurde 1975 veröffentlicht und ist aus *damaliger* Sicht ein Zukunftsroman – die Handlung spielt im Jahre 1999 –, der gegen die exzessive US-amerikanische Wohlstandskultur protestiert und einen besseren Lebensstil im fiktiven Staat Ökotopia vorstellt. Das aus *heutiger* Sicht Erstaunliche daran ist, dass fast alle Nachhaltigkeitsziele der Agenda 2030 nicht nur angesprochen werden, sondern auch beschrieben wird, wie sie erreicht werden können. Der Roman wurde vor Kurzem erneut ins Deutsche übersetzt [8]. Eine Rezension in der Frankfurter Allgemeinen Zeitung rief dazu auf, die fast 50 Jahre alten Vorschläge für eine nachhaltige Welt wegen ihrer brennenden Aktualität neu zu eruieren [20]. Dies geschieht im Kapitel 2.

Im dritten Kapitel begeben sich meine fünf Koautorinnen mit mir auf eine fiktive ökologische Zeitreise. Der Blick in die Vergangenheit der Erde und der Menschen und wie letztere ihre Umwelt gestaltet und dabei nicht selten zerstörerisch ausgebeutet haben, soll Verständnis für die heutige Situation schaffen. Zeitreisen können natürlich auch in die Zukunft zielen. Wir beamen uns allerdings nicht z.B. ins Jahr 2100, gehen aber davon aus, dass das Leben auf der Erde schon in naher Zukunft sehr stark von künstlicher Intelligenz geprägt sein wird. Deshalb nehmen wir auf unsere Expedition in die Vergangenheit den momentan bekanntesten Vertreter der Künstlichen Intelligenz, ChatGPT-4, als „Reiseleiter" mit. Wir stellen dem Bot Fragen, diskutieren die Plausibilität seiner Antworten, kontrollieren deren Wahrheitsgehalt und entwickeln auf diese Weise ein Gefühl für die Vertrauenswürdigkeit der künstlichen Intelligenz beim Angehen von Fragen zu einem zukünftigen nachhaltigen Leben. Das Kapitel 3 ist also zugleich eine Evaluation der ökologischen Kompetenz eines Roboters (vgl. [21, 22]).

»Der kleine Prinz« [23] kümmert sich auf seinem kleinen Planeten liebevoll um seine einzige Rose und symbolisiert dadurch, was ein nachhaltiges Leben an erster Stelle erfordert: Verantwortungsbewusstsein. Diese Geschichte und vier andere werden im vierten Kapitel erzählt und sollen Kinder und Erwachsene nachdenklich und hoffnungsvoll stimmen.

Noch eine redaktionelle Anmerkung. Bis auf drei Ausnahmen sind Bilder im Text gar nicht real, sondern in Form von Hyperlinks integriert, die (bei der E-Book-Variante des vorliegenden Werks mit einem Klick) ins Internet führen. Durch Beantragung der Lizenzen und den Abdruck der farbigen Bilder wäre das vorliegende Werk nämlich sehr teuer geworden, was nicht beabsichtigt war. Da auf die Bilder im laufenden Text Bezug genommen wird, ist ihr Betrachten nicht unbedingt nötig; die Bilder sind aber in jedem Fall eine hübsche optische Ergänzung.

1 Biblische Geschichten

Im diesem Kapitel werden einige sehr bekannte Geschichten aus der Bibel auf besondere Art und Weise interpretiert. Ihr Glaubensbezug wird dabei (weitgehend) ausgeblendet. Vielmehr wird herausgearbeitet, warum die Erde und alle Lebensformen auf ihr einzigartig und faszinierend und deshalb schützenswert sind.

Wir Menschen sind *eine* Lebensform unter vielen; wie alle anderen Lebewesen möchten wir nach *unserer* Art leben. Albert Schweitzer hat dies auf den Punkt gebracht: „Ich bin Leben, das leben will, inmitten von Leben, das leben will." Er fordert damit den unbedingten Respekt vor jeder Art von Leben ein.

Auch wir Menschen unterliegen den Gesetzen der Evolution. Wir müssen um unser Überleben kämpfen – gegen widrige äußere Umstände oder auch gegen Artgenossen. Das tun wir individuell oder kooperativ. Schließlich sind wir darauf bedacht, uns fortzupflanzen.

Was unsere körperlichen Fähigkeiten anbelangt, sind wir im Vergleich zu anderen Tieren mittelmäßig talentierte Affen. Im Hinblick auf unsere intellektuellen Fähigkeiten stehen wir hingegen auf einem sehr hohen Niveau. Unsere Intelligenz und Kreativität erlauben es uns, unsere Umwelt zu gestalten. Dabei machen wir allerdings auch Fehler und merken oft gar nicht, wann wir unseren Lebensraum zerstören, also sprichwörtlich an dem Ast sägen, auf dem wir sitzen. Und charakterlich sind wir Menschen ambivalent und schwanken zwischen äußerst liebenswürdig und extrem aggressiv.

All das finden wir in biblischen Geschichten erzählt. Es lohnt sich also, das „Buch der Bücher" einmal zu lesen, um zu verstehen, wie Leben nachhaltig gestaltet werden muss und kann, welche positiven Qualifikationen wir Menschen dazu mitbringen und wie wir uns aber umgekehrt wegen unserer schlechten Eigenschaften auch oft selbst im Wege stehen.

1.1 Genesis – Das Wunder des Lebens

Ein *Wunder* ist etwas, das man wissenschaftlich nicht erklären kann. Darüber, wie das Universum, das Sonnensystem und das Leben auf der Erde entstanden ist, weiß man heute recht genau Bescheid. Trotzdem ist es erlaubt, vom Kosmos und vom Leben als *Wunder* zu sprechen, dies alles als *wunderbar* zu bezeichnen, weil einen die ungeheure Vielfalt einfach fasziniert und überwältigt.

Das erste Kapitel der Bibel, Genesis 1, ist *wunderschöne* Poesie, ein Gedicht mit dem Kehrvers: „... es war sehr gut." Gestirne, Wasser, Land und Luft, Gras, Kraut und Bäume, Wale und Fische, Vieh und Gewürm, Mann und Frau ... alles ist füreinander gemacht und sehr gut (Abb. 2).

https://www.haikudeck.com/the-7-days-of-creation-education-presentation-hGvm6sZnZf#slide14

Abbildung 2: „Und Gott sah an alles, was er gemacht hatte, und siehe, es war sehr gut." [1. Mose 1, 31]

Der Vers 28 bedarf einer besonderen Erklärung. Darin heißt es, dass sich der Mensch die Erde untertan machen und über die Fische und Vögel, das Vieh und alles Getier herrschen solle.

Dieser Auftrag wurde in der Geschichte der Menschheit und wird auch in vielen Fällen heute noch *wörtlich* genommen. Er begründet die anthropozentrische Denkweise, dass alles nur zum Wohl der Menschen da sei. Schärfer ausgedrückt, dass der Mensch mit der ihn umgebenden Natur machen kann, was er will; die Natur sei des Menschen Sklave. Die fatalen Folgen dieser Denkweise sind bekannt. Religionswissenschaftler weisen hingegen darauf hin, dass man die Bibel nicht *wörtlich*, sondern *ernst* nehmen solle, dass konkret die Poesie von Genesis 1 als Auftrag an die Menschen zu verstehen sei, sich selbst als *Teil der Natur* zu verstehen und sie deshalb zu schützen und zu bewahren, also nachhaltig mit ihr umzugehen, ihr nicht mehr als das unbedingt Notwendige zum menschlichen Leben zu entnehmen, sodass sie sich immer wieder regenerieren und sich ein stabiles ökologisches Gleichgewicht einstellen kann.

Im letzten Jahr haben wir uns im Ökologie-Seminar mit dem Waldboden beschäftigt und waren fasziniert vom Wood Wide Web, worüber Pilze und Bäume miteinander kommunizieren und Nährstoffe austauschen – ein wunderbares Universum unter unseren Füßen [24]. Im Sommersemester 2023 haben wir u.a. das neue Meeresschutzabkommen der Vereinten Nationen [9] besprochen. Gestaunt haben wir über die Lebewesen der Tiefsee, von denen in Zukunft gewiss noch viele mehr entdeckt werden. Mit dem Abkommen wird der richtige Weg beschritten, um diesen Teil des Wunders des Lebens nicht durch Bohren nach Öl und Gas, Ausbaggern von Mineralien, die wertvolles Kobalt, Nickel, Kupfer, Lithium und Seltene Erden enthalten, oder Überfischung zu gefährden. (Vgl. [25].)

1.2 Apokalypsen – Das bedrohte Leben

Die Bibel berichtet an mehreren Stellen über gewaltige Zerstörungen, die als göttliche Strafe interpretiert werden. Dabei sind es entweder von Menschen bewusst oder unbewusst verursachte Katastrophen, oder Naturkatastrophen, gegen die die Menschen tatsächlich machtlos sind bzw. gegen die sie nicht die nötigen Vorkehrungen getroffen haben: Feuer, Dürre, Wasser, Krankheiten und andere Plagen, Krieg, Unterdrückung, Verfolgung, Vertreibung …

1.2.1 Feuer

Gott ließ die Lasterhöhlen Sodom und Gomorra in Flammen aufgehen und errettete nur eine Familie, die Guten (Abb. 3). In dieser Geschichte wird stark moralisiert, und Gott ist der Richter, der die Ungerechten straft und die Gerechten schützt.

Vielleicht waren die beiden Städte Hochburgen der organisierten Kriminalität, die es auch heute noch vielfach gibt, in denen Baugenehmigungen durch Bestechung erschlichen wurden, auf erforderliche Brandschutzmaßnahmen aus Kostengründen verzichtet wurde und wo viel zu dicht gebaut wurde, sodass ein Funken, vielleicht sogar durch Brandstiftung, reichte, um ein sich rasch ausbreitendes Feuer in Gang zu setzen. Und möglicherweise war Lot einfach bewusst, dass er in Sodom auf einem hoffnungs-losen Pulverfass saß, dass er besser rechtzeitig verlassen sollte.

https://www.istockphoto.com/de/vektor/lot-flieht-aus-sodom-holzschnitt-ver%C3%B6ffentlicht-1860-gm1471705091-502249762

Abbildung 3: Der Brand von Sodom. Lot und seine beiden Töchter fliehen; seine zurückblickende Frau erstarrt zu einer Salzsäule. [1. Mose 19, 1-29]

Von Pfusch am Bau hört man heute immer wieder. Manchen Menschen ist die damit verbundene Gefahr gar nicht bewusst, andere nehmen sie fahrlässig in Kauf, wenige erkennen die Gefahr und handeln.

Ist es ratsam, riesige Plantagen mit Ölpalmen (Südostasien) oder Eukalyptusbäumen (Australien) dort anzulegen, wo einst Urwald stand? Ein Funke, und die ganze Aufzucht brennt.

Warum haben in den Jahren 2020 bis 2022 mehr als 500.000 (überwiegend reiche) Kalifornier ihre Heimat verlassen? U.a. wegen des menschengemachten Klimawandels, der die Wälder in ihrem Bundesstaat immer häufiger brennen lässt, was angrenzende Wohnsiedlungen zunehmend gefährdet [26].

Bei einer Flucht darf man nicht stehenbleiben; Lots Ehefrau tut dies, und kommt ums Leben.

Aus dem »Lied von der Glocke«

Wohltätig ist des Feuers Macht,
Wenn sie der Mensch bezähmt, bewacht, …
Doch furchtbar wird die Himmelskraft,
Wenn sie der Fessel sich entrafft, …
Wehe, wenn sie losgelassen
Wachsend ohne Widerstand
Durch die volksbelebten Gassen
Wälzt den ungeheuren Brand!

Abbildung 4: Über das Feuer – Auszug aus Friedrich Schillers »Lied von der Glocke«.

1.2.2 Dürre

Der von seinen älteren Brüdern verschleppte, aber nach Ägypten entkommene Josef hat dort – so würde man heute sagen – Karriere gemacht. Er fiel zunächst als Traumdeuter auf (lange vor Sigmund Freud). Die fetten und mageren Kühe, von denen der Pharao träumte, interpretierte der junge Mann als Folge von reichen Ernten in guten Jahren bzw. als Folge dürrebedingter Missernten (Abb. 5).

https://img.welt.de/img/kultur/history/mobile102066990/5842509687-ci102l-w1024/bas-19-21-DW-Kultur-Lehnin-jpg.jpg

Abbildung 5: Dürre – der Getreideanbau ist bedroht, die Tierhaltung ist bedroht, den Menschen droht Hunger.
Josef hat die Träume des Pharaos gedeutet und empfiehlt Vorratshaltung für die mageren Zeiten. [1. Mose 41, 1-36]

Mit schwankenden Wetterperioden muss jeder Bauer rechnen. Durch die von Menschen verursachte Erderwärmung werden Trockenphasen häufiger; die Gefahr von Hungerkatastrophen steigt deshalb. Und sie wird noch verstärkt, wenn kriegsbedingt Getreideimporte erschwert oder unmöglich werden, wie die aktuelle (teilweise) Blockade oder auch nur erpresserisch angedrohte Blockade der Weltkornkammer in der Ukraine durch einen rücksichtslosen Autokraten zeigt.

Vorratshaltung ist angesagt und wurde von Josef auch empfohlen. Neue Bewässerungspläne müssen her – sofern Grundwasser überhaupt noch vorhanden ist oder Regenwasser gespeichert werden kann. Mit CRISP Cas können Nutzpflanzen gentechnisch so verändert werden, dass sie hitzeresistent sind und mit weniger Wasser auskommen. Aber primär müssen die Ursachen der zunehmenden Dürre angegangen werden, d.h., dem Klimawandel muss Halt geboten werden.

1.2.3 Wasser

Sintflutartiger Regen, sintflutartige Überschwemmungen, ob in Ahrweiler oder in Pakistan – immer wieder sehen wir die Bilder in den Nachrichten, sind entsetzt, haben Mitleid, sind aber auch froh, nicht persönlich betroffen zu sein.

Es sind Naturkatastrophen, die heute durch den menschengemachten Klimawandel verstärkt werden. Die Erderwärmung führt einerseits an vielen Orten zu mehr Dürren (Kap. 1.2.2), aber auch zu mehr Wasser in der Luft, das an anderen Orten in Form von heftigem Regen auf die Erde zurückfällt. Kleine Bäche werden dann zu reißenden Flüssen; flaches Land wird überschwemmt. Hinzu kommen Überflutungen von küstennahem Flachland durch den steigenden Meeresspiegel aufgrund von Eisschmelzen.

In alten Zeiten kannten die Menschen die Ursachen der Naturkatastrophen nicht, sodass sie sie für göttliche Strafen hielten. Gott vernichtete die Menschen, die seinen Geboten nicht gehorchten. Im größten Ausmaß hat er das laut Bibel mit der Sintflut getan (Abb. 6).

https://assets.deutschland-funk.de/FILE_f46070c9902658cf987ae801c704caaf/1920x1080.jpg?t=1629443186363

Abbildung 6: Die Sintflut – größte Apokalypse in biblischer Zeit. Aber auch sprachprägend, z.B. „sintflutartigen Regen" oder „sintflutartige Überschwemmungen". [1. Mose 6, 5 – 9, 17]

Ob Noah der einzige gute Mensch war, den Gott geschützt hat, ist Glaubenssache. Jedenfalls war er derjenige, der wusste, dass Naturkatastrophen nicht verhindert werden können, dass man aber sehr wohl Sicherheitsmaßnahmen treffen kann: Er baute ein vor den Wassermassen rettendes Schiff. In Ahrweiler hätte er zumindest ein funktionsfähiges Hochwasserwarnsystem installiert, in Pakistan rechtzeitig Deiche (vielleicht nach holländischem Vorbild) gebaut.

Die „Arche Noah" ist sprachprägend geworden. In meiner Nachbarschaft (und nicht nur dort) gibt es einen Kindergarten mit diesem Namen. Finden die Kinder hier einen Schutzraum vor einer lebensfeindlichen Umwelt?

Im Ökologie-Seminar haben wir einmal die Frage diskutiert, welche Lebewesen wir heute auf eine Arche mitnehmen müssten, um in einer neuen Welt überleben zu können [27]. Leittiere wie den Wolf oder den Hai? Oder den Regenwurm, den Darwin für

das wichtigste Lebewesen gehalten hat, weil er den Boden maßgeblich gestaltet? Oder Algen und Cyanobakterien, welche die
Sonnenenergie für das Leben auf der Erde zugänglich machen? Es
war ein Zeichen von Weisheit, dass Noah *alle* Arten von Lebewesen mitgenommen hat, denn alle haben wegen ihrer einzigartigen
Fähigkeiten irgendeine Funktion in dem Biotop, in dem sie gerade
leben.

1.2.4   Krankheiten und andere Plagen

Zehn Plagen schickte Gott über Ägypten, um den Pharao zu zwin-
gen, die Israeliten aus der Gefangenschaft zu entlassen. Wieder
der Gedanke der Strafe, wie schon beim Brand von Sodom und
Gomorra (Kap. 1.2.1) oder der Sintflut (Kap. 1.2.3).

Diese Plagen existieren in der Tat, wenn man sie zeitgemäß
interpretiert:

1.   *Blut.* Man muss nur das Blut, dass in der Bibel das Wasser
     vergiftete, durch die vielen Schadstoffe ersetzten, die trotz
     zahlreicher Umweltschutzmaßnahmen auch heute noch täg-
     lich in großen Mengen in natürliche Gewässer eingeleitet
     werden. Oder man denke an die Millionen Tonnen Plastik-
     müll, die auf den Ozeanen treiben.
2.   *Frösche.* Wenn Tiere in Ökosysteme migrieren, in denen sie
     an sich nicht zuhause sind, oder wenn sie ausgesetzt werden,
     finden sie dort oftmals keine natürlichen Feinde, vermehren
     sich folglich rasch und werden invasiv, sodass sie Ökosys-
     teme erheblich aus dem Gleichgewicht bringen können. Über
     den invasiven Menschen lesen wir im Kapitel 3 noch einiges.
3.   *Stechmücken* (Abb. 7). Die weibliche Anophelesmücke ist
     die Überträgerin des Parasiten, der die Krankheit Malaria
     auslöst. Kurzzeitig gelang es, die Mücke mit Dichlordiphe-
     nyltrichlorethan (DDT) fast auszurotten, sodass Millionen
     Menschen das Leben gerettet wurde. Doch die Resistenzbil-
     dung bei den Mücken machten das Insektizid wirkungslos.
     Es wurde schließlich verboten, weil es sich wegen seiner Per-
     sistenz über die Nahrungskette verteilt hatte und zu einem
     globalen Umweltgift geworden war. Heute gibt es zwar Me-
     dikamente gegen Malaria, die aber den ärmsten Menschen in
     den am meisten betroffenen Regionen der Erde kaum zur
     Verfügung stehen, sodass nach wie vor viele Menschen pro

Jahr – 2021 waren es über 600.000 –, hauptsächlich Kinder, an Malaria sterben.

4. *Stechfliegen.* Die gemeine Stechfliege (Wadenbeißer) kann bei Menschen und Tieren krankheitsauslösende Retroviren übertragen.

5. *Viehpest.* Aktuell sind es die Schweine- und Geflügelpest, die das Vernichten ganzer Tierbestände erforderlich machen, wogegen die Tiere aber eventuell geimpft werden können. Die Massentierhaltung fördert natürlich die Ansteckungsgefahr.

6. *Blattern* (Abb. 8). Blattern sind unter dem Namen Pocken besser bekannt. Die letzte Virusinfektion wurde 1977 registriert. Dank Impfung gelten die Pocken heute als ausgerottet. Dafür gibt es andere Viruserkrankungen, z.B. Corona.

7. *Hagel.* Grobkörniger Hagel zerstört nach wie vor Ernten, was Hungersnöte zur Folge haben kann.

8. *Heuschrecken* (Abb. 9). Heuschrecken fallen auch in heutiger Zeit noch in riesigen Schwärmen über Felder her und fressen sie kahl – Ernteverluste mit Hungersnot als mögliche Folge.

9. *Finsternis* (Abb. 10). Wenn sich Smog in Großstädten ausbreitet, verdunkelt sich die Sonne. Der Feinstaub und die Stickstoffoxide, welche die Autos auspuffen, können gefährliche und sogar zum Tod führende Erkrankungen der Atemwege und der Lunge auslösen. Man erstickt sprichwörtlich im Abgas.

10. *Tod aller Erstgeborenen.* Das durchschnittliche Lebensalter der Menschen ist signifikant gestiegen, nachdem die Bedeutung von Hygiene und sauberem Trinkwasser erkannt war sowie Impfungen gegen Krankheiten, denen vor allem Kinder zum Opfer gefallen sind, durchgeführt wurden. Aber immer noch ist die Sterblichkeit von Kindern, den Schwächsten in der Gesellschaft, in den ärmeren Ländern besonders hoch.

Das Kämpfen gegen diese oder ähnliche Plagen ist ein Dauerthema. Gut, dass das Recht auf einen Zugang zu ausreichendem sauberen Wasser und zu sanitären Einrichtungen in die Menschenrechtscharta der Vereinten Nationen aufgenommen wurde, auch wenn das noch keineswegs überall auf der Welt erreicht ist. Und der wissenschaftlichen Kreativität ist es zu verdanken, dass es Impfstoffe gegen Corona gibt. Noch viel mehr Fortschritt in dieser Hinsicht ist nötig, denn eine wärmere Welt wird eine kränkere sein [28].

https://assetsnffrgf-a.akamaihd.net/assets/m/1101978085/univ/art/1101978085_univ_cnt_3_xl.jpg

https://upload.wikimedia.org/wikipedia/commons/thumb/6/66/Child_with_Smallpox_Bangladesh.jpg/330px-Child_with_Smallpox_Bangladesh.jpg

https://cloudfront-eu-central-1.images.arcpublishing.com/thenational/OJYR2UNTQZWDPNAU3GX6GUKJOA.jpg

https://s.w-x.co/twc_de_smog.jpg

Abbildungen 7, 8, 9 und 10: Vier von zehn biblischen Plagen. Stechmücken (oben) infizieren Menschen und Tiere; Pockenviren können für Menschen tödlich sein (zweites Bild von oben); Heuschrecken (zweites Bild von unten) fressen Plantagen kahl und führen zu Hungersnöten; Smog (unten) lässt die Sonne verdunkeln und kann schwere Krankheiten der Atemwege und der Lunge verursachen. [2. Mose 7 - 12]

1.2.5 Krieg, Unterdrückung, Verfolgung und Vertreibung

„Der schrecklichste der Schrecken ist der Mensch in seinem Wahn" – so Friedrich Schiller in seinem »Lied von der Glocke«. Dies gilt insbesondere im Krieg und für die Taten schlimmer Tyrannen. In der Bibel gibt es zahlreiche Berichte darüber.

Die Philister hatten die Israeliten angegriffen. Dass Gott an der Seite des schmächtigen israelitischen Hirten im Duell gegen den riesenhaften Philister stand, ist Glaubenssache. Tatsache ist, dass David mit einer neuen Waffentechnik Goliath besiegte. Mit Hilfe der Steinschleuder konnte er seinen Feind nämlich aus sicherer Distanz tödlich treffen (Abb. 11).

https://bibelwelt.de/wp-content/uploads/2016/01/David-und-Goliath.jpg

Abbildung 11: David und Goliath. Der Krieg zwischen den Philistern und den Israeliten wird aufgrund einer neuen Waffentechnik zugunsten der Israeliten entschieden. [1. Samuel 17]

War das der Moment, in dem das Sprichwort geboren wurde, dass der Krieg der Vater aller Dinge sei? Mit der Zeit und mit zunehmendem Tempo wurden immer „effektivere", d.h. schrecklichere Waffen entwickelt: das Gewehr, das Maschinengewehr, die Bombe, die Atombombe ... Kriege wurden zunehmend grausam und forderten immer mehr Opfer. Als „Kollateralschaden" leidet darunter auch die Natur. Wahnsinn! – Schiller hat Recht.

Um den Kampf gegen den Klimawandel und das Artensterben zu gewinnen, müssen alle Nationen fest zusammenhalten. Wenn sie aber Krieg gegeneinander führen, steht der Menschheit die ökologische Apokalypse bevor. Um diese abzuwenden, ist weltweiter Frieden die Grundvoraussetzung. Immanuel Kant sprach sogar von einem „Ewigen Frieden" [29]. Abgesehen vom menschlichen Leid, das jeder Krieg mit sich bringt, werden immense Geldsummen einerseits für vernichtende Waffen ausgegeben und andererseits zum Wiederaufbau der zerstörten Städte und Landschaften benötigt, die schließlich fehlen, um Windräder, Solaranlagen und andere Klima- und Umweltschutzmaßnahmen zu finanzieren.

In Ägypten waren die Israeliten eine kleine unterdrückte Volksgruppe, die Sklavenarbeit leisten musste (Abb. 12). Erst ihr charismatischer Führer Moses befreite sie daraus; die Flucht gelang. Unterdrückung ist ein zeitloses Phänomen. Wie geht es z.B. heute den Uiguren in China? Wer wird ihr Befreier sein?

Der babylonische König Nebukadnezar II brannte Jerusalem nieder und führte die besiegten Israeliten in die babylonische Gefangenschaft, wo sie Sklavendienste verrichten mussten (Abb. 13). Diese unmenschliche Zeit endete erst mit dem einsichtigen Perserkönig Kyros II, der Babylon eroberte und die Israeliten aus ihrem Exil entließ.

http://judentum-projekt.de/geschichte/altertum/mose/index.html

https://www.uni-wuerzburg.de/fileadmin/_processed_/a/8/csm_AN00325186_001_1_web_c9e4c71e38.jpg

Abbildungen 12 und 13: Gefangenschaft und Sklavenarbeit der Israeliten in Ägypten (oben) und Babylon (unten). [2. Mose 1, 1-22 bzw. Psalm 137 und Esra 1]

Gibt es heute noch Sklavenarbeit? Ja; man nennt sie nur nicht so. Wie ist beispielsweise Kinderarbeit im kongolesischen Kobaltminen zu beurteilen? Gut, dass es mittlerweile das Lieferkettensorgfaltspflichtengesetz gibt, das einen Verkäufer dazu verpflichtet, lückenlos nachzuweisen, dass seine zugelieferten Produkte unter fairen und sicheren Arbeitsbedingungen und unter Einhaltung der Menschenrechte, die ein Verbot von Kinderarbeit beinhalten, entstanden sind.

Von einer besonders brutalen Art der Verfolgung wird im Neuen Testament nach der Geburt Jesu erzählt. Der König Herodes verfiel in Panik, als ihm berichtet wurde, ein neuer König sei geboren. Sein purer Wille zum Machterhalt trieb ihn dazu, ein wahnsinniges Dekret zu erlassen, dass alle Kleinkinder in Bethlehem getötet werden sollen (Abb. 14). Maria und Josef konnten mit dem Jesus-Baby gerade noch nach Ägypten flüchten (Abb. 15).

https://img.fotocommunity.com/der-koenig-befiehlt-seine-soldaten-toeten-eb90968b-8fdf-4c49-b8aa-fe52a347d331.jpg?height=1080

https://assets.deutschlandfunk.de/FILE_ab4740123252d9ed86bef59db50baccb/original.jpg?t=1597597779546

Abbildungen 14 und 15: Kindermord zu Bethlehem (oben) und Flucht der Heiligen Familie nach Ägypten (unten). [Matthäus 2, 13-18]

Verfolgung und Flucht sind ein permanentes Thema in der Geschichte der Menschheit. Um nur zwei Beispiele zu nennen: Wenigen Juden gelang in der Nazi-Zeit die Flucht vor der Vernichtung in Konzentrationslagern; seit über einem Jahr flüchten

Ukrainer vor russischen Raketen sowie vor Vergewaltigung und Ermordung durch russische Soldaten und Söldner.

Heute treibt auch der menschengemachte Klimawandel Menschen in die Flucht. Wenn ihr Ackerland hoffnungslos vertrocknet ist, wo sollen die armen Menschen dann hin? Aus Verzweiflung (und kriminellen Schleppern ausgeliefert) nehmen sie Fahrten über das Mittelmeer in Kauf – oft mit tödlichen Ausgang.

Und was ist mit den fast 20.000 ukrainischen Kindern, die seit dem Kriegsbeginn nach Russland verschleppt worden sind, um sie nach einer Gehirnwäsche zur Adoption freizugeben [30] – quasi als Ersatz für die im Krieg gefallenen jungen russischen Soldaten? Ist das nicht genauso schlimm wie der Kindermord zu Bethlehem?

Im Krieg, bei Unterdrückung, Verfolgung und auf der Flucht geht es ums nackte Überleben, und die Betroffenen werden wohl kaum an Klima-, Arten- oder Umweltschutz denken. Dazu leistet den größten Beitrag, wer Frieden stiftet.

1.3 Was ist der Mensch?

Was ist der Mensch? Eine der großen Fragen der Philosophie. Kurz beantwortet: ein ambivalentes Lebewesen.

In diesem Unterkapitel werden anhand von biblischen Geschichten Charaktereigenschaften der Menschen hervorgehoben, die für eine nachhaltige Gestaltung einer zukünftigen Welt hinderlich bzw. gut sind.

Der Apostel Paulus schreibt am Ende seines Hoheliedes der Liebe: „Nun bleiben Glaube, Hoffnung und Liebe, diese drei; aber die Liebe ist die größte unter ihnen." Mit dem Glauben daran, dass das Gute im Menschen sein Schlechtes überwiegt, und mit der unbedingten Liebe zum Leben besteht berechtigte Hoffnung, dass die Welt vor einer ökologischen Apokalypse gerettet werden kann.

1.3.1 Falschheit

Mit dem Begriff Paradies assoziieren bestimmt die meisten Menschen einen Ort, an dem sie gut, sorgenfrei und glücklich ewig leben können. Adam und Eva lebten dort. Sie hatten alles, was sie zum Leben brauchten, doch sie wollten trotzdem noch ein bisschen mehr, und zwar den Apfel vom verbotenen Baum der Erkenntnis von Gut und Böse (Abb. 16). Es war ihre **Gier** nach mehr, welche die Katastrophe ausgelöst hat, nämlich die Vertreibung aus dem Paradies.

Kann der Mensch irgendwann mit sich selbst zufrieden sein? Kann er eventuell sogar auf Liebgewonnenes verzichten? Diese Fragen werden uns im Kapitel 2, im fiktiven Land Ökotopia, noch ausführlicher beschäftigen.

https://cdn.prod.www.spiegel.de/images/b4e308c9-6b26-44d3-9b78-d9dfee568b71_w1044_r0.8201099764336214_fpx63_fpy14.jpg

Abbildung 16: Die *Gier* von Adam und Eva, auch noch den verbotenen Apfel haben zu wollen, führt zur Vertreibung aus dem Paradies. [1. Mose 3, 1-24]

Kain erschlugt seinen Bruder Abel (Abb. 17), weil dieser erfolgreich war und Anerkennung bekam und er selbst nicht.

Sich mit anderen Menschen zu vergleichen, ist oft der Beginn vom Unglück, und es ist u.a. der **Neid**, der zu Konflikten bis hin zu Mord und Krieg führt.

https://upload.wikimedia.org/wikipedia/commons/c/ce/Ludwig_Mueller_Kain_und_Abel.jpg

Abbildung 17: *Neid* führt zum Brudermord von Kain an Abel. [1. Mose 4, 1-16]

Mit dem Turm zu Babel wollten die Menschen ein Bauwerk schaffen, dass bis in den Himmel reicht (Abb. 18). Das Projekt scheiterte (Gott sei Dank!); ihr **Größenwahn** stiftete andauernden Streit zwischen den Menschen.

Bei Olympischen Spielen reicht es heute nicht, zu siegen; es wird vielmehr erwartet, dass man zudem höher springt, weiter wirft oder schneller rennt als je ein Mensch zuvor. Und die Volkswirtschaft beschreibt ein alter Schlager der Band Geier Sturzflug so: „Heute wird wieder in die Hände gespuckt, wir steigern das Bruttosozialprodukt." *Höher, weiter, schneller, mehr – ein fatales*

Motto, vor allem, wenn man an die limitierten Ressourcen auf der Erde denkt.

https://www.feinschwarz.net/wp-content/uploads/2019/01/640px-Kunsthistorisches_Museum_Wien_Pieter_Bruegel_d.%C3%84._der_Turmbau_zu_Babel.jpg

Abbildung 18: *Größenwahn* beim Turmbau zu Babel.
[1. Mose 11, 1-11]

Um ihre egoistischen Ziele zu erreichen, schrecken Menschen häufig vor **List** und **Betrug** nicht zurück.

Nach dem Brand von Sodom (Kap. 1.2.1) waren Lot und seine beiden Töchter die einzigen Überlebenden. Wie konnte der Stamm Lot weiter existieren, zumal es keine Ehemänner für die beiden jungen Frauen gab. Also beschlossen diese, ihren Vater mit Wein betrunken zu machen und mit ihm zu schlafen (Abb. 19). Sie wurden schwanger, und der Familienstammbaum wurde fortgeschrieben. Lot hätte diesem Inzest nicht zugestimmt; deshalb mussten seine Töchter ihn dazu überlisten, in dem sie ihm mit der Droge Alkohol die Sinne raubten. Wie Lot später auf seine Kinder/Enkel reagiert hat, wird in der Bibel nicht berichtet. Vielleicht hat er die List seiner Töchter aufgrund deren existenzieller Notlage entschuldigt.

Einen besonders dreisten Betrug hingegen hat Jakob verübt. Nach jüdischer Tradition hätte eigentlich sein älterer Bruder Esau den väterlichen Segen und das Erbe erhalten, doch Jakob akzeptierte dies nicht und wurde zum Erbschleicher. Sein Vater Isaak war altersbedingt erblindet und konnte seine beiden Söhne nur durch Befühlen unterscheiden. Das war für ihn recht leicht, denn Esau war stark behaart und Jakob nicht. Also wickelte sich Jakob auf Empfehlung einer Komplizin, seiner Mutter [sic], ein Ziegenfell um seinen Körper und trat so vor den blinden Vater. Der fühlte das Haar, hielt Jakob für Esau und segnete ihn (Abb. 20). Der langjährige, heftige Streit zwischen den Brüdern war vorprogrammiert.

Abbildungen 19 und 20: Alkohol, eine *List*, mit der die Töchter ihren Vater Lot zum Inzest verführen (oben). [1. Mose 19, 30-38] *Betrug*. Jakob täuscht mit Ziegelfellverkleidung seinem blinden Vater Isaak vor, dessen erstgeborener und stark behaarter Sohn Esau zu sein. So erschleicht er sich den väterlichen Segen. [1. Mose 27, 1-40]

Mehr als nur eine List, sondern ein grober Fall von Machtmissbrauch wird vom König David berichtet. Der hatte vom Balkon seines Palastes aus im Nachbargarten eine hübsche nackte Frau beim Baden beobachtet (Abb. 21). Seine **Wollust** trieb ihn zu einer schändlichen Tat: Der Ehemann der schönen Bathsheba musste weg; also schickte ihn der König in den Krieg, und zwar in die erste Schlachtreihe, wo er sehr wahrscheinlich fallen würde. So geschah es auch – und der Weg zu der Schönen war frei.

Abbildung 21: *Wollust*. Der Spanner David beobachtet Bathsheba im Bad und nutzt seine königliche Macht zu einem Verbrechen am Ehemann der jungen Frau. „Me Too" lässt grüßen. [2. Samuel 11]

Eine Geschichte wird in manchen Kinderbibeln ausgeblendet, weil sie an Wahnsinn kaum zu überbieten ist, und zwar die von Abraham, dem Gott befohlen hat, seinen geliebten Sohn Isaak zu opfern (Abb. 22).

Religionswissenschaftler interpretieren die Geschichte als einen Protest gegen den damaligen Baal-Kult. Der Gott Baal verlangte nämlich in der Tat, dass ihm Kinder durch Verbrennen geopfert werden. Der jüdische Gott hingegen will Abraham zwar prüfen, ob er bereit dazu wäre, ihm bedingungslos zu gehorchen und ihm sogar seinen liebsten Sohn zu opfern, unterbindet im letzten Moment aber die Tötung, indem er ein Schaf schickt. Das Menschenopfer sollte durch ein Tieropfer ersetzt werden.

https://www.gaebler.info/kunst/nizza/Chagall_Die-Opferung-Isaaks.jpg

Abbildung 22: *Fanatismus*. Abraham und Isaak – wider die religiöse Verblendung. [1. Mose 22]

Doch das ist kein Happy-End. Vielmehr zeigt die Geschichte, wie religiöser Fanatismus Menschen verblenden kann, und wozu sie dann fähig werden.

Die Geschichte von **Fanatismus** jeglicher Art, der oftmals in Krieg und Terrorismus ausartete, ist lang und wird immer länger: Kreuzritter im Mittelalter, Flugzeugentführer am 11.9.2001 … Wird vielleicht bald Öko-Fanatismus zum Öko-Terrorismus? Menschheit – quo vadis?

1.3.2 Güte

Von der Falschheit und Fehlbarkeit der Menschen, die einem friedlichen Zusammensein und einer Symbiose mit der Natur im Wege steht, zur Güte der Menschen.

Abraham und seine Frau Sara erhielten unerwartet Besuch von drei Männern aus der Wüste. Sie kannten sie nicht, empfingen sie trotzdem mit großer Freundlichkeit und bereiteten ihnen sogar ein Festmahl (Abb. 23). Erst später wurde ihnen bewusst, dass die drei Männer Engel waren, die eine frohe Botschaft überbrachten.

Diese **Gastfreundschaft** ist großartig. Sie ist bei ärmeren Menschen tendenziell stärker ausgeprägt als bei reichen. Wir müssen uns an diese Tugend erinnern und sie pflegen, denn Kriegs- oder Klimaflüchtlinge, politisch oder rassistisch verfolgte Menschen brauchen unsere Hilfe; gerade in ihrer Not möchten und sollten sie willkommen geheißen werden. Angela Merkel hat diesbezüglich Mut gemacht: „Wir schaffen das."

https://www.oramaworld.com/images/byzantine-icons/wooden/hospitality-abraham-byzantine-icon-9256.jpg

Abbildung 23: *Gastfreundschaft.* Abraham und Sara bewirten drei unbekannte Männer, die sich erst im Nachhinein als Engel erweisen. [1. Mose 18, 1-15]

Nach Naturkatastrophen wie Erdbeben oder Tsunamis ist die **Spendenbereitschaft** meistens recht groß, um den betroffenen und notleidenden Menschen zu helfen. In den Nachrichten werden Kontonummern angegeben, auf die man Geld überweisen kann.

Von einer ganz besonderen Spende ist im Neuen Testament die Rede. Gesammelt wurde für die Ärmsten der Armen. Eine Frau gab einen kleinen Betrag, zwei Scherflein, deutlich weniger als andere Personen. Doch diese Frau war eine arme Witwe, die nur noch diese beiden Scherflein besaß, und gab folglich alles, was sie hatte. Denn sie spürte, dass es noch ärmere Menschen als sie selbst gibt, die ganz besonders hilfsbedürftig sind (Abb. 24).

Die reichen Bürger hatten zwar deutlich mehr gespendet, aber nur Geld, welches sie im Überfluss besaßen, sodass es ihnen nicht weh getan hat, dieses wegzugeben. Wieviel mehr wäre den armen Menschen – bzw. dem Klima-, Arten- und Umweltschutz – gedient, wenn der Staat eine hohe „Reichensteuer" beschließen würde? Die biblische Geschichte wirft also auch eine brennende politische Frage auf, und zwar die der Verteilungsgerechtigkeit.

https://www.praedica.de/Jahreskreis_B/Bilder/32B_Opfer_Witwe.jpg

Abbildung 24: *Spendenbereitschaft* der armen Witwe, die für die noch Ärmeren alles gibt. [Lukas 21, 1-4]

Das Gefühl von Mitleid, die Selbstverständlichkeit, Erste-Hilfe zu leisten, und **Barmherzigkeit** zeichnen einen Samariter aus, der auf seiner Reise einen unter die Räuber gefallen Mann am Wegesrand fand, ihn verarztete, tröstete und in sichere medizinische Betreuung brachte, die er auch finanzierte (Abb. 25). Andere Passanten hatten sich zuvor von dem notleidenden Mann abgewendet; ihm zu helfen, war ihnen einfach zu lästig.

https://sammlung.staedelmuseum.de/images/861/julius-schnorr-von-carolsfeld-ferdinand-olivier-friedrich-ol-865--thumb-xl.jpg

Abbildung 25: *Barmherzigkeit* des Samariters. [Lukas 10, 25-37]

Barmherzigkeit, Mitleid und Fürsorge sind Elemente der **Nächstenliebe**, die Jesus predigte und vorlebte: „Du sollst deinen Nächsten lieben wie dich selbst." Dem Mitmenschen zuhören, ihm liebevoll eine Hand reichen (Abb. 26) … oft sind es kleine Zeichen der Menschlichkeit, die Großes bewirken.

https://static.evange-lisch.de/get/?daid=00100010dXQ5tWV6ex86BFKZCrg-xXie_7mj6qLZn_Sqizw3fogx000000279798&dfid=i-62

Abbildung 26: Nächstenliebe. [Matthäus 22, 34-40]

1.3.3 Weisheit

„Edel sei der Mensch, hilfreich und gut." Mit diesen Worten von Johann Wolfgang von Goethe lässt sich das vorige Kapitel 1.3.2 zusammenfassen. Gastfreundschaft, Hilfsbereitschaft, Mitleid, Barmherzigkeit und Nächstenliebe sind großartige menschliche Eigenschaften und „Basisqualifikationen", um die Nachhaltigkeitsziele der Agenda 2030 der Vereinten Nationen zu erreichen. Hinzukommen sollte noch *Weisheit*.

Josef haben wir im Kapitel 1.2.2 bereits als Traumdeuter kennengelernt. Der Pharao ernannte ihn zum Landesvater über ganz Ägypten und damit zur zweithöchsten Person nach ihm selbst (Abb. 27). Heute kann man vielleicht sagen, dass Josef der beste Wirtschaftswissenschaftler und -minister aller Zeiten war. Er war nämlich streng darauf bedacht, dass in guten Zeiten die erwirtschafteten Güter nicht im Überfluss ausgegeben, sondern für Zeiten des Mangels gespart wurden. Der ständige Wechsel von guten und schlechten Zeiten war für Josef ganz natürlich und kein Problem, wenn man sich durch konsequente Planung und **Vorsorge** darauf einstellt. Durch Vorratswirtschaft gelang es Josef, Hungersnöte zu vermeiden und der ägyptischen Bevölkerung einen angemessenen Wohlstand und ein sorgenfreies Leben zu sichern.

Von Josef kann man für die heutige Zeit viel lernen und einen dreistufigen Aktionsplan erstellen und zügig umsetzen:

1. Potenzielle Gefahren (Ressourcenmangel, Klimawandel etc.) frühzeitig erkennen und wissenschaftlich genau analysieren.
2. Wissensbasierte Maßnahmen ergreifen, damit die Gefahren gar nicht erst eintreten.
3. Schutzmaßnahmen ergreifen, damit, falls sich die Gefahren nicht abwenden lassen, ein Schaden möglichst gering ist.

https://www.bibelwissenschaft.de/fileadmin/buh_bibelmodul/media/wibi/image/sw_WILAT_Josef_02.jpg

Abbildung 27: *Vorsorge*. Josef wird zum besten Wirtschaftsexperten aller Zeiten. [1. Mose 41]

Steht Josefs vorbildlich disziplinierte und auf ihre Art sehr weise Lebenseinstellung mit konsequenter Vorsorge und strenger Planwirtschaft im Gegensatz zur Aussage von Jesus „Sorgt nicht für morgen, denn der morgige Tag wird für das Seine sorgen" in seiner Bergpredigt (Abb. 28)?

Jesus betrachtet die Vögel unter dem Himmel, die nicht säen und ernten und trotzdem Nahrung finden, sowie die wunderschönen Lilien auf dem Feld, die nicht arbeiten und spinnen und trotzdem wachsen. Er zieht den Schluss, dass so, wie für diese Tiere und Pflanzen ganz gewiss auch für die Menschen gesorgt sei. Bedeutet das eine Absage an Josefs Lebenskonzept? Nein, Jesus Rat zur **Gelassenheit** ist dazu eine *komplementäre Ergänzung*. Gewiss soll man in Josefs Sinne verantwortungsbewusst Vorsorge treffen – soweit dies möglich ist. Aber nicht alles im Leben ist planbar, und das ist auch gut so. Dem, was kommt und was man nicht planen kann, sollte man gelassen entgegenschauen. Man sollte sich in Anbetracht der Ungewissheiten im Leben nicht verrückt machen lassen. Das wäre ein Zeichen von Weisheit. Mut dazu macht das Kölsche Grundgesetz: „Et hätt noch immer joot jejange."

https://img.fotocommunity.com/jesus-und-das-gleichnis-von-den-lilien-95bd617a-78e0-4f4e-ad98-866d606a1267.jpg?height=1080

Abbildung 28: *Gelassenheit.* „Sorgt nicht für morgen, denn der morgige Tag wird für das Seine sorgen." [Matthäus 6, 19-34]

Mit 5000 Fans war Jesus ein Popstar und Influencer seiner Zeit. Dadurch, dass er den Hunger diese große Menschenmenge mit fünf Broten und zwei Fischen stillte (Abb. 29), wollte er vielleicht – so könnte eine zeitgemäße Interpretation des Wunders lauten – darauf hinweisen, dass die Erde sogar 10 Milliarden Menschen ernähren kann; denn Nahrung ist genug da, vor allem, wenn die Massentierhaltung drastisch reduziert wird und die Pflanzen, die bislang zum Füttern der Tiere angebaut wurden, dann zur menschlichen Ernährung zur Verfügung stünden. Hunger auf der Welt ist heute weniger auf mangelnde Nahrungsmittel zurückzuführen, sondern eine Frage der **Gerechtigkeit**, wie die vorhandenen global verteilt werden. Dass Menschen in einigen Ländern hungern, während in den reichen Nationen viele Nahrungsmittel im Überfluss vorhanden sind und weggeworfen werden, erzwingt geradezu ein Umdenken.

https://www.istockphoto.com/de/vektor/speisung-der-f%C3%BCnftausend-gm471546156-62822982

Abbildung 29: *Gerechtigkeit.* Nahrung ist für alle Menschen genug vorhanden. Bei der „Speisung der Fünftausend" geht es um Verteilungsgerechtigkeit. [Markus 6, 30-44]

„Herr, lehre uns bedenken, dass wir sterben müssen, auf dass wir klug werden." So betet Mose im Psalm 90 (Abb. 30). Und der Prediger Salomo (Abb. 31) ergänzt: „Alles hat seine Zeit." Zwei Sprüche von großer Weisheit.

Die moderne Welt ist von einem Jugendlichkeitswahn befallen. Graue Haare werden gefärbt, Gesichtsfalten mit Botox geglättet usw. Die Sehnsucht nach ewiger Jugend geht bei manchen Menschen einher mit dem Wunsch, unsterblich zu werden, bzw. mit dem Glauben, bereits unsterblich zu sein. (Wir werden im Kapitel 3.11 noch einmal darauf zurückkommen, wenn wir uns auf eine fiktive Zeitreise in das Labor von Dr. Viktor Frankenstein begeben.) Mose kontert. Denn wer seine eigene **Vergänglichkeit** ignoriert, wird rasch hochmütig, arrogant, überheblich, größenwahnsinnig und hält sich für Gott gleich. (Juval Noah Harari spricht vom *Homo Deus* [31].) Diese Eigenschaften sind keine Zeichen von Weisheit, sondern von Dummheit. Weise Menschen hingegen haben keine oder zumindest nur wenig Angst vor dem Sterben.

Das Geborenwerden und das Sterben (der Anfang und das Ende) haben ihre Zeit, das Suchen und das Finden, das Umarmen und Loslassen, Hass und Liebe, Krieg und Frieden ... **alles hat seine Zeit**. Jedes Ereignis ist einzigartig in Raum und Zeit.

Ergänzen wir diese Weisheit: Die Dinosaurier hatten ihre Zeit, die Menschheit hat ihre Zeit, Lebewesen nach uns werden ihre Zeit haben.

https://slide-player.org/slide/17655841/105/images/2/%E2%80%9EHerr%2C+lehre+uns+bedenken%2C+dass+wir+sterben+m%C3%BCssen%2C.jpg

Abbildung 30: *Vergänglichkeit.* „Lehre uns bedenken, dass wir sterben müssen, auf dass wir klug werden." [Psalm 90, 12]

https://lesemausblog.files.wordpress.com/2016/04/nana-8.png

Abbildung 31: *Alles hat seine Zeit.* [Prediger 3, 1-8]

Ist es wirklich sinnvoll, Nationen nach ihrem Bruttoinlandsprodukt, also nach ihrer Wirtschaftsleistung, als Maß für Wohlstand, zu „ranken"? Wäre es nicht weiser, die Menschen zu fragen, wie glücklich sie in ihren Ländern sind, und einen Glücksindex aufzustellen? Denn schließlich ist das Streben nach Glück ein Menschenrecht.

Hier setzt Jesus mit den Seligpreisungen zu Beginn seiner Bergpredigt an (Abb. 32). Kein Wort über materiellen Besitz, also über das *Haben*, sondern nur Worte über das *Sein* (vgl. [32]): Gerechtigkeit, Trostspenden, Gewaltfreiheit, Friedenstiften, Barmherzigkeit, über ein reines Herzen. Und Jesus sagt auch, dass Trauer mit Trost überwunden werde und (sinngemäß), dass es besser sei, Ungerechtigkeit zu erleiden, als ungerecht zu sein, bzw., dass es besser sei, verfolgt zu werden, als andere Menschen zu verfolgen.

Seligkeit beinhaltet Gottgefallen; vielleicht kann man das übersetzen zu: Weisheit beinhaltet Glück.

https://img.fotocommunity.com/seligpreisungen-aab14351-7074-4ce7-86b3-204891532e6e.jpg?width=1000

Abbildung 32: *Seligkeit*. Glück korreliert nicht mit Besitz. [Matthäus 5, 3-11]

Schließlich ist **Vergebung** ein Zeichen von Weisheit. Vor 2000 Jahren stand auf Ehebruch die Todesstrafe. (In manchen Ländern ist das heute noch so.) Jesus forderte die umherstehenden Männer [sic!] auf, eine Ehebrecherin zu steinigen; derjenige, der frei sei von Schuld, werfe den ersten Stein (Abb. 33). Alle Männer gingen betroffen nach Hause. Jesus vergab der Frau und bat sie, fortan nicht mehr zu sündigen.

https://bibelstunde90518.files.wordpress.com/2012/06/jesus-schreibt.jpg

Abbildung 33: *Vergebung*. Die verurteilte Ehebrecherin – Doch wer ist ohne Schuld und wirft den ersten Stein? [Johannes 8, 1-11]

Alle Menschen sind fehlbar. Ihnen zu vergeben und ihnen einen Neuanfang zu ermöglichen, ist ein zentrales Element der christlichen Ethik.

Wie kann man die Geschichte aus den Neuen Testament auf die heutige Klima- und Umweltdiskussion übertragen? Soll man den Betreiber einer Bohrinsel, der fahrlässig ein ozeanisches Ökosystem mit Öl kontaminiert hat, auf Schadensersatz verklagen? Ja, gewiss. Aber man sollte sich gleichzeitig nach seiner persönlichen Mitschuld fragen, wenn man jahrelange Auto gefahren ist und Flugreisen unternommen hat und dafür die Ölförderung gewollt hat. Darf man über die Emissionen von Müllverbrennungsanlagen schimpfen und gleichzeitig die Romantik am Lagerfeuer genießen, bei dem nachweislich etwas giftiges Benzopyren entsteht?

Sollte man dem Steiger, der als letzter eine Zeche im Ruhrgebiet verließ, bevor sie endgültig geschlossen wurde, den Vorwurf machen, er habe zur Erhöhung der CO_2-Konzentration in der Atmosphäre beigetragen, oder sollte man ihm nicht lieber ein letztes „Glück auf!" zurufen? (Vgl. Kap. 3.10.) Beim Klima- und Umweltschutz gibt es ähnliche Scheinheiligkeit wie bei den Männern, die wutentbrannt die Ehebrecherin steinigen wollten.

Zu *Beginn* der Corona-Pandemie sagte der damalige Gesundheitsminister Jens Spahn, dass wir uns am *Ende* der Pandemie gegenseitig vieles verzeihen müssten. Gerade, wenn man unsicheren Zeiten entgegengeht, weiß man nicht so recht, welchen Weg man beschreiten soll. Mancher Weg mag sich *im Nachhinein* als Irrweg erweisen. Dann ist es weise, zu vergeben, statt nachzutreten.

Was ist der richtige Weg, um die Welt nachhaltig zu gestalten? Hilft dazu eher grüner Wasserstoff, oder Batterie-Technik oder doch die Kernkraft? Soll man auf diese Frage mit Bob Dylan antworten, die Antwort kenne nur allein der Wind? Oder gilt das Sprichwort, dass viele Wege zum Ziel führen? Wichtig ist, dass kontroverse Diskussionen immer *fair* geführt werden.

2 Ökotopia

»Ökotopia« – ist das ein Kofferwort aus „Ökologie" und „Utopie"? Deutet der Titel des 1975 erschienenen Zukunftsromans von Ernest Callenbach [8] darauf hin, dass eine nachhaltige Welt utopisch ist? Damit wären wir bei dem Vorurteil, dass der Protagonist des Romans, William Weston, Reporter der amerikanischen *Times-Post*, hatte, als er im Jahr 1999 den Auftrag erhielt, für sechs Wochen nach Ökotopia zu reisen. Dieses Land hatte sich ein Vierteljahrhundert zuvor von den USA unabhängig gemacht und war aus den ehemaligen Bundesstaaten Washington, Oregon und dem Norden von Kalifornien hervorgegangen. Ziel der Reise des Journalisten war es, zu eruieren, ob wirtschaftliche Beziehung zwischen dem Stammland USA und Ökotopia aufgenommen werden können.

Der Roman wurde im Jahr 2022 neu ins Deutsche übersetzt. In einer Rezension in der Frankfurter Allgemeinen Zeitung wurde als Grund dafür genannt, dass das Thema brandaktuell sei. Der Roman beschreibe, wie ein nachhaltiges Leben, weitgehend in Einklang mit den Nachhaltigkeitszielen der Agenda 2030 der Vereinten Nationen [1], tatsächlich aussehen könne. Die Botschaft von Ernest Callenbach neu zu lesen und zu überdenken, lohne sich, so sinngemäß der Rezensent Felix Schwarz [20]. Seiner Empfehlung wird in diesem Kapitel gerne Folge geleistet.

2.1   Idee und Gründung von Ökotopia

Zum Hintergrund des Romans. Die Gründung von Ökotopia ging aus einer Protestbewegung gegen den exzessiven und umweltschädigenden Lebensstil in den Vereinigten Staaten von Amerika in den frühen 1970er Jahren hervor. Elemente der ausklingenden Hippie- sowie der entstehenden grünen Bewegung sind deutlich zu erkennen. Er wird zwar nicht ausdrücklich erwähnt, aber der 1972 erschienene erste Bericht an den Club of Rome »Die Grenzen des Wachstums« [33] dürfte ebenfalls eine Rolle gespielt haben.

Wesentliche Ziele waren die Absage an den Massenkonsum, dafür ein genügsames, aber zufriedenes Leben der Bürger von

Ökotopia, Reduzierung der Arbeitszeit, dafür gesteigertes ehrenamtliches Engagement und gegenseitige nachbarschaftliche Hilfe, hochwertige ökologische Bildung und allgemeine Menschenbildung, medizinische Betreuung, die nicht nur von Chemie und Gerätetechnik dominiert wird, sondern vor allem menschliche Fürsorge beinhaltet, Demokratie mit hoher Bürgerbeteiligung, vollkommene Gleichberechtigung von Frauen und Männern, keine Umweltverschmutzung, stoffliches Recycling und Nutzung ausschließlich regenerativer Energien, (fast) keine privaten Autos, dafür exzellenter öffentlicher Nah- und Fernverkehr, Bio-Landwirtschaft, ökologischer Häuserbau ... Details werden in den folgenden Unterkapiteln besprochen.

Die USA wollten das abtrünnige Ökotopia anfangs militärisch zurückerobern, was nicht gelang und nach sehr kurzer Zeit aufgegeben wurde, vermutlich, weil man ein zweites Vietnam fürchtete. Die Umstrukturierung der Wirtschaft in Ökotopia verlief einfacher als erwartet. Die Grenzen des Landes sind grundsätzlich offen, es ist wirtschaftlich weitgehend autark, der Außenhandel bezieht sich im Wesentlichen auf den Export des phantastischen kalifornischen Weins sowie den Import einiger Mineralien aus Übersee. Mit den USA wurde seit der Unabhängigkeitserklärung kein Handel mehr betrieben.

Soweit eine kurze Einführung in »Ökotopia«. Es ist höchst bemerkenswert, dass Ernest Callenbach die Vision für ein zufriedenes Miteinander der Menschen und ein Leben im Einklang mit der Natur vor einem halben Jahrhundert entwickelt hatte, als es den Begriff Nachhaltigkeit in der öffentlichen Diskussion noch gar nicht gab.

2.2 Energiegewinnung

Atomkraftwerke gibt es in Ökotopia nicht mehr, fossile Brennstoffe nur noch in minimalen Mengen für Spezialanwendungen. Die Energiegewinnung erfolgt hauptsächlich durch Solar- und Photovoltaik-Anlagen (Abb. 34-36). Diese konnten problemlos installiert werden und funktionieren sehr effektiv, weil es Wüstengebiete mit reichlich Platz und viel Sonnenschein gibt und wo keine wertvollen Ökosysteme beeinträchtigt werden. Ein kleiner Anteil des elektrischen Stroms kommt aus Gezeitenkraftwerken sowie von Wasserkraft aus den Bergen. Allerdings werden nur natürliche Bergseen genutzt, während Talsperren zurückgebaut wurden, denn sie stellen einen zu großen Eingriff in die Naturlandschaft dar, haben vor allem negativen Einfluss auf die Migration von Fischen.

https://cdn.prod.www.spiegel.de/images/6c6a0862-0001-0004-0000-000000659079_w1528_r1.5003663003663004_fpx57.28_fpy49.97.jpg

https://upload.wikimedia.org/wikipedia/commons/6/63/Solar_Plant_kl.jpg

https://www.cleanenergy-project.de/wp-content/uploads/2015/02/images_public_1_bigstock-solar-panels-in-a-residential--65386096.jpg

Abbildungen 34, 35 und 36:
Ein Solar- (oben), ein Parabolrinnen- (Mitte) und ein
Photovoltaik-Kraftwerk (unten) in Kalifornien.

Verglichen mit der heutigen Situation in der Bundesrepublik Deutschland ist dies beeindruckend. In der BRD ist zwar am 16.4.2023 das letzte Kernkraftwerk vom Netz gegangen, wofür aber der Braunkohletagebau reaktiviert und Fracking-Gas aus den USA sowie Erdgas aus dubiosen arabischen Staaten importiert wird, weil das Aufstellen von Windrädern aus Gründen des erforderlichen Schutzes von Wald- und Meeresbiotopen nicht zügig genug vorankommt, um eine vollumfängliche Energiebereitstellung für die Bevölkerung und die Industrie zu garantieren. Solarstrom aus der Sahara oder den wüstenähnlichen Gebieten im mittleren und südlichen Spanien zu beziehen, wurde zwar im Rahmen des Desertec-Projektes [34] ausführlich diskutiert und als grundsätzlich realisierbar erachtet, aber aufgrund politischer Unwägbarkeiten in Nordafrika sowie des aufwändigen und noch nicht erfolgten Ausbaus eines Stromnetzes zunächst nicht weiterverfolgt. Eine Wiederaufnahme des Vorhabens wäre allerdings wünschenswert.

2.3   Verkehr

Internationale Flüge sind selten, weil die Ökotopier keine Urlaubsflugreisen machen; ganz anders als in den meisten reichen Ländern, wo sie zum Lifestyle praktisch dazugehören und große Mengen an Treibhausgas CO_2 produzieren. Der Luftraum über Utopia ist bis auf die Einflugschneisen zu den wenigen verbliebenen Flughäfen gesperrt, damit er nicht durch die Abgase der Flugzeuge belastet wird. Im Fernflugverkehr muss Ökotopia weiträumig umflogen werden.

Inlandflüge gibt es gar nicht mehr, dafür ein engmaschiges Netz, auf dem Magnetschwebebahnen (Abb. 37) in kurzen zeitlichen Abständen und mit einem Tempo von bis zu 360 km/h für einen raschen Transport im Land sorgen.

https://upload.wikimedia.org/wikipedia/commons/9/9b/Transrapid.jpg

Abbildung 37: Magnetschwebebahn Transrapid 08.

Zum Vergleich: In Deutschland wurde auch eine Magnetschwebebahn (Transrapid) entwickelt und auf einer Teststrecke erprobt. Mehr aber nicht. Zum Großeinsatz kam die zwar teure, aber energieeffiziente Technik nicht. Hierzulande fahren konventionelle Züge auf einem zum Teil uralten Schienennetz – oft mit Verspätungen oder gar nicht.

Private Autos gibt es in Ökotopia, bis auf begründete Ausnahmen, nicht mehr. Das öffentliche Transportwesen ist dafür exzellent. Elektrobusse fahren praktisch im Minutentakt und können zum Null-Tarif benutzt werden. Einige Elektrotaxis sind im Einsatz. (Über die Art des Elektroantriebs wird im Buch leider nichts gesagt.) Sonst findet man überall sorgfältig abgestellte, robuste weiße Fahrräder, die kostenlos genutzt und am Zielort ordentlich geparkt werden.

Daran kann sich Deutschland gewiss ein Beispiel nehmen. Hier fahren Bussen und Straßenbahnen mit viel zu geringer Taktung, vor allem abends, sodass die Menschen auf ihren PKW kaum verzichten möchten. Und das Ablegen von E-Scootern auf Gehwegen – oder sogar im Gebüsch bzw. Gewässer – ist abartig.

In Paris wurde diesbezüglich bereits die Konsequenz gezogen und der Verleih dieser „Dinger" kurzerhand verboten.

2.4   Städtebau

Ökotopia hat eine Entwicklung durchlaufen, die von Dezentralisierung geprägt ist: weg von den Großstädten und hin zu Kleinstädten und Dörfern. Die vielen kleinen Zentren sind durch ein engmaschiges Verkehrsnetz miteinander verbunden (Kap. 2.3), und es wird Wert darauf gelegt, dass niemand mehr als einen Kilometer vom nächsten Bahnhof entfernt wohnt.

In Deutschland wird hingegen zu Recht geklagt, dass ländliche Gebiete verkehrstechnisch praktisch abgeschnitten sind und deshalb eine Automobilität unverzichtbar ist.

Die Großstädte in Ökotopia, die früher durch den starken Straßenverkehr der Pendler und Bürotürme geprägt waren und keine sonderlich attraktiven Lebensräume darstellten, häufig sogar Kriminelle, Drogensüchtige und Prostituierte anzogen, wurden komplett umgestaltet. In den Hochhäusern wurde die Hälfte der Büros in Wohnungen umgewandelt, so dass die Menschen, die in der Stadt arbeiten, dort auch wohnen können, wodurch der Pendelverkehr drastisch reduziert wurde. Mehrspurige Straßen wurden zurückgebaut, sodass Platz geschaffen wurde für Fahrrad- und Gehwege, wobei letztere mit Platanen begrünt wurden. Rasch siedelten sich Straßencafés an und Kinderspielplätze entstanden, sodass sich eine menschenfreundliche Stadtkultur entwickelte.

Diese Tendenz zu fahrradfreundlicheren Städten gibt ist in Deutschland fast ein halbes Jahrhundert nach der Gründung von Ökotopia endlich auch, aber zu oft verbunden mit Machtkämpfen zwischen Auto- und Radfahrern, wobei letztere im Falle von Unfällen das Nachsehen haben. Unsere Nachbarn in Holland oder Dänemark sind da schon deutlich weiter.

Häuserfronten werden in Ökotopia nicht angestrichen, denn auf den Einsatz von chemischen Lacken wird bewusst verzichtet. Stattdessen werden Fassaden, soweit es geht, begrünt (Abb. 38). Auf den Dächern wird urbaner Gartenbau betrieben. Wo noch freie Flächen an und auf den Häusern bleiben, werden Solarzellen installiert, um die Gebäude energetisch möglichst autark zu machen.

https://www.mein-schoener-garten.de/sites/default/files/styles/inline_scaled_s/public/caixa-forum-madrid-DFD21A-dam-alamy.jpg?itok=yH2vMncx

Abbildung 38: Fassadenbegrünung.

Die vielen Pflanzen in den Städten wirken als CO_2-Senken, ziehen Insekten und in deren Folge Vögel an, sodass ein städtisches Biotop entsteht. Sie speichern zudem Regenwasser, spenden Schatten und wirken auf diese Weise einer Überhitzung der Städte entgegen, die für pflanzenlose Betonwüstenstädte charakteristisch ist und für schwache Menschen tödlich sein kann.

In den Kleinstädten und Dörfern dominiert die Holzbauweise. Weg von Stahl und Beton, deren Herstellung mit einem enormen ökologischen Fußabdruck verbunden ist, und hin zum nachwachsenden Rohstoff und Kohlenstoffspeicher Holz. Mit fast 50jähriger Verspätung erfolgt die Renaissance von Holzbauten erfreulicherweise jetzt auch in Deutschland.

In Ökotopia gibt es noch eine andere Bauweise, und zwar die Zusammenstellung von extrudierten Raum-Fertigsegmenten aus ökotopischem Plastik. Dieses wird aus pflanzlichen Fasern und einem Bindemittel (vermutlich Lignin, welches bei der Herstellung von Zellstoff und Papier als Nebenprodukt anfällt) hergestellt und hat erdölbasierte Kunststoffe wie Polyolefine, Polyurethane, Polyamide, Polycarbonat oder Polyethylenterephthalat ersetzt.

Diese Art Baustoff auf rein pflanzlicher Basis ist im Rahmen der Green Chemistry hochinteressant und wird zurzeit u.a. am Fraunhofer Institut in Darmstadt, wo manche Studierende der Hochschule ihre Abschlussarbeiten durchführen, intensiv erforscht. Ernest Callenbach schreibt, dass die chemischen Fortschritte bei der Entwicklung des ökotopischen Plastiks geheim gehalten wurden. Schade, denn sonst könnte das Ziel einer nachhaltigen Kunststoffchemie weltweit etwas schneller erreicht werden.

2.5 Land- und Forstwirtschaft

Die Landwirtschaft in Ökotopia entspricht der, die man heute als Ökolandbau bezeichnet. Riesige Monokulturen, Glyphosat, Kunstdünger und Massentierhaltung gibt es nicht mehr. Die Ökotopier haben bereits vor einem halben Jahrhundert realisiert, was der deutsche Agrarwissenschaftler und Landwirt Felix zu Löwenstein erst 2011 mit Nachdruck folgendermaßen formuliert hat [35]: „Wir werden uns ökologisch ernähren oder gar nicht mehr."

In Ökotopia ist viel aufgeforstet worden, und zwar Mischwälder; einmal um Baumaterial zu gewinnen (Kap. 2.4), dann aber natürlich auch, um CO_2-Senken zu schaffen, denn durch ihre Fotosynthese entziehen die Pflanzen der Atmosphäre dieses Treibhausgas.

Aufforstungen müssen auch in Deutschland erfolgen. Hier gibt es zu viele Fichten-Monokulturen, die im Vergleich zu einem Mischwald artenärmer und deshalb stressanfälliger sind. Das haben wir in den letzten sehr trockenen Sommern gemerkt: Die durstigen Fichten, die eigentlich gar nicht in deutsche Mittelgebirge passen, sondern eher in höheren und folglich kälteren Regionen zuhause sind, werden ein leichtes Opfer ihres Hauptfeindes, des Borkenkäfers, was zu einem massiven Waldsterben geführt hat und auch mit Insektiziden nicht gestoppt werden kann. Ein gesundes Ökosystem, wie es ein Mischwald in Ökotopia ist, braucht hingegen keine Pflanzenschutzmittel.

Die Holzernte erfolgt in Ökotopia nachhaltig, d.h. es werden nur so viele Bäume gefällt, wie nachwachsen. Diese Strategie ist allerdings keine Erfindung der Ökotopier, sondern wurde bereits in der zweiten Hälfte der 17ten Jahrhunderts von Hans Carl von Carlowitz angewendet, der den *forstlichen Nachhaltigkeitsbegriff* geprägt hat [36]. Nachdem Bäume gefällt wurden, werden sie nicht mit schweren Traktoren, sondern mit Pferdegespannen aus dem Wald gezogen, was den Waldboden schont. Für den Abtransport der Baumstämme zu den lokalen Sägewerken kann hingegen auf schwere Dieselschlepper nicht verzichtet werden. Dies zeigt exemplarisch, dass die Ökotopier keine Fundamentalisten sind und klassische Technik rundum ablehnen, sondern diese nach wie vor dort sinnvoll einsetzen, wo sie alternativlos ist.

2.6   Umweltschutz

Umweltschutz ist in Ökotopia weitgehend perfektioniert.

Da es kaum noch Verbrennungsmotoren gibt, sind Stickstoffoxide, Ozonalarm, Feinstaub und Smog (vgl. Abb. 10 im Kap. 1.2.4) kein Thema mehr. In Deutschland wurden hingegen vor einigen Jahren Stickstoffoxid-Emissionen geradezu „gefördert", indem die an sich gut funktionierenden AdBlue®-Autoabgaskatalysatoren mit einer kriminell manipulierten Software ausgeschaltet wurden, um Kosten zu sparen.

Weil sich die Ökotopier von Bio-Lebensmitteln ernähren, sind die Haushaltsabfälle kompostierbar. Der Kompost wird in der Landwirtschaft als Dünger verwendet, sodass Kunstdünger nicht mehr erforderlich sind.

Abwässer werden konsequent biologisch gereinigt. Der Klärschlamm ist nährstoffreich und frei von Giftstoffen, sodass er ebenfalls als Dünger verwendet werden kann. Viele Häuser sind mit einer Mini-Kläranlage ausgestattet, damit die Bewohner die Aufbereitung ihrer Abwässer selbst vornehmen können und so den Dünger produzieren, den sie für ihre Kleingärten benötigen.

Verpackungsmaterialien sind biologisch abbaubar. Um welche Stoffe es sich dabei handelt, wird im Roman nicht verraten; vermutlich auf Basis von Polymilchsäure, die mittlerweile weltweit die Nummer 1 unter den bioabbaubaren Thermoplasten ist und erfreulicherweise zunehmend Anwendung findet. Jedenfalls waren die Ökotopier auf diesem Gebiet die Pioniere.

Alltagsgegenstände, z.B. Küchengeräte, Radios oder Fernseher, sind weitgehend genormt und so konstruiert, dass sie leicht, d.h. ohne Inanspruchnahme eines Kundenservice, repariert werden können. Und wenn sie endgültig kaputt sind, werden sie einem Rohstoffrecycling zugeführt. Dies ist sehr vorbildlich, gerade wenn man bedenkt, wie viele Produkte in unserer Konsumgesellschaft bewusst so „designt" sind, dass sie *nicht* repariert und/oder recycelt werden können, in ärmeren Ländern auf (illegalen) Mülldeponien entsorgt oder dort verbrannt werden oder im Meer landen, nur damit neue Produkte gekauft und die Wirtschaft angekurbelt wird.

2.7 Politik und Wirtschaft, Arbeit und Freizeit

Es gibt zwar eine Bundesregierung und ein Staatsparlament, die meisten Entscheidungen werden aber in Stadt- und Kreisparlamenten getroffen, wo sich die Bürger stark engagieren. Die meisten politischen Diskussionen werden live im Fernsehen übertragen; man kann sogar anrufen und sich an den laufenden Diskussionen beteiligen.

Frauen und Männer sich gleichberechtigt; „Gendern" kennt man in Ökotopia nicht.

Traditionell gab es in den Staaten an der Westküste der USA eine starke Auto- und Flugzeugindustrie. Diese war in Ökotopia kaum noch erforderlich; viele Arbeitsplätze gingen verloren. Das klingt negativ, war aber in der Tat für den neuen Staat Ökotopia ein Gewinn. Denn die vielen gut qualifizierten und hoch motivierten Menschen konnten umgeschult werden und dann Solar- und Photovoltaikanlagen, Magnetschwebebahnen und Kläranlagen bauen, zu Bio-Landwirten werden, Holzhäuser konstruieren oder biokompatible Kunststoffe produzieren und verarbeiten ... Kurz: Es entstanden mehr neue Arbeitsplätze, als alte verloren gingen – ein starkes Argument gegen die in Deutschland immer wieder zu hörenden Klagen, eine grüne Revolution führe zu großer Arbeitslosigkeit und gefährde den sozialen Frieden.

Die Arbeitszeit konnte in Ökotopia sogar auf 20 Stunden pro Woche reduziert werden. Dafür wurde von den Menschen mehr ehrenamtliches Engagement und nachbarschaftliche Hilfe erwartet, was nach kurzer Zeit selbstverständlich war, die Menschen einander näherbrachte und glücklicher machte. In dieser Hinsicht förderlich sind auch die bei weitem nicht so stark ausgeprägten Gehaltsunterschiede, wie wir sie bei uns und in anderen Industrienationen kennen. Die wenigen Ökotopier, die gar keine feste Arbeit haben, erhalten ein bedingungsloses Grundeinkommen. Dessen Einführung ist bei uns auch im Gespräch und könnte das teilweise entwürdigende „Hartzen" ablösen.

Eine Steigerung der Wirtschaftsleistung ist kein primäres Ziel in Ökotopia. In der dortigen – heute würde man sie so nennen – Postwachstumsökonomie [37-39] steht die Zufriedenheit und das Glück der Menschen an erster Stelle. Und in der Tat sind die Ökotopier trotz mancher Streitigkeiten, die heftig ausgetragen werden, aber immer versöhnlich enden, glücklicher als sie es früher waren, als sie noch der amerikanischen Konsum- und Wegwerfgesellschaft frönten. Das Sprichwort „Weniger ist mehr" hat sich in Ökotopia bewahrheitet.

In Kapitel 2.3 wurde bereits erwähnt, dass die Ökotopier keine Flugreisen zu fernen Urlaubszielen machen. Aus unserer Sicht haben sie das vielleicht auch nicht nötig, weil ihr Staatsgebiet, welches das ehemalige nördliche Kalifornien, Oregon und Washington umfasst, ein wahres Urlaubsparadies ist. In ihrer Freizeit fahren die Ökotopier viel Fahrrad, wandern, schwimmen, surfen, angeln … sind also viel an der frischen Luft und in der Natur, was für ihre körperliche und seelische Gesundheit gleichermaßen gut ist. Sportliche Wettkämpfe gibt es kaum. Man treibt Sport aus Freude an der Bewegung und aus Geselligkeit, und nicht, um Medaillen zu gewinnen. Den Höher-Weiter-Schneller-Zirkus Olympischer Spiele (vgl. Kap. 1.3.1) machen die Ökotopier nicht mit.

Sie schauen relativ viel fern. Wie schon gesagt, verfolgen sie oft die Live-Übertragungen von parlamentarischen Diskussionen und gelegentlich auch von Gerichtsverhandlungen. Darüber hinaus bietet das Fernsehprogramm vor allem alte Filme, denen das Prädikat „besonders wertvoll" attestiert wird. TV-Serien, Talk-Shows und Seifenopern wie bei uns vor allem im Bezahl-Fernsehen gibt es in Ökotopia nicht. Schließlich spielt Werbung eine große Rolle, aber ganz anders als bei uns, wo es letztendlich darum geht, einem Kunden etwas aufzuschwatzen, was er gar nicht braucht. In Ökotopia ist Werbung hingegen der Sachinformation verpflichtet, und zwar werden jeweils ähnliche Produkte im direkten Vergleich mit ihren spezifischen Eigenschaften besprochen, so dass der Kunde eine sachlich begründete und faire Entscheidung für seinen Kauf treffen kann.

Fernsehen schaut man meistens mit mehreren Personen zusammen, und man ist auch sonst recht gesellig in Ökotopia; ganz ohne Alkohol, aber legal mit Haschisch und Marihuana – wohl ein Relikt aus der Hippie-Zeit. Heute ist ein geringer Cannabis-Besitz auch in Deutschland erlaubt. Na ja, mal sehen, ob das ein richtiger Weg ist, wobei zu ergänzen ist, dass das Potenzial von Tetrahydrocannabinol und anderen Drogen wie Lysergsäurediethylamid (LSD) in der Medizin und Psychiatrie gewiss noch nicht voll ausgeschöpft ist.

Irgendwie passt es zu ihrer Drogenkultur, dass die Ökotopier eine relativ gelassene Einstellung zum Sterben haben. Jedenfalls werden sie von ihrer Lebensgemeinschaft fürsorglich begleitet und sind im Endstadium vermutlich high durch die Drogen. Ansatzweise verbirgt sich hier der Hospiz-Gedanke, der sich in den letzten Jahren auch in Deutschland verbreitet hat.

2.8 Gesundheitswesen

Das Vorsorgeprinzip spielt im Gesundheitswesen eine zentrale Rolle. Die Ökotopier werden regelmäßig unter allen möglichen Gesichtspunkten medizinisch gecheckt. Sehr vorbildlich.

Die Krankenhäuser sind eher klein, dafür gibt es sie in fast allen und selbst kleineren Ortschaften. Kranke Menschen werden dort medizinisch gut betreut. Dabei wird auf hochleistende Gerätemedizin wie in Deutschland und anderen reichen Industrienationen weitgehend verzichtet; stattdessen ist die personelle Betreuung exzellent. Um einen kranken Patienten kümmert sich rund um die Uhr mindestens eine Pflegeperson. Dem liegt die Philosophie zugrunde, dass Körper und Seele eine Einheit bilden, sodass ein Heilungsprozess besonders dann gefördert wird, wenn der kranke Mensch liebevolle persönliche Zuneigung erfährt. In diesem Sinne ist es auch konsequent, dass zum Medizinstudium in Ökotopia das Studium der Psychologie automatisch dazugehört.

Zum Vergleich: In Deutschland ist das medizinische Personal mit der medikamentösen und gerätetechnischen Versorgung der Patienten zunehmend überlastet. Was aber am meisten fehlt, ist die Zeit für die Patienten; einfach da zu sein, Fürsorge aktiv zu leben, Trost zu spenden und Mut zu machen, so wie uns das der barmherzige Samariter lehrt (Abb. 25, Kap. 1.3.2).

2.9 Bildungswesen

Das Ganztagsschulwesen ist in Ökotopia privat organisiert. Lediglich im Alter von 12 und 18 Jahren legen die Kinder und Jugendlichen zentrale Prüfungen ab, damit ein einheitlicher Bildungsstandard garantiert wird, der sehr stark von ökologischen Themen geprägt ist; denn die Ökotopier sind ins *Zeitalter der Biologie* eingetreten, so Ernest Callenbach. Die Unterrichtsgestaltung bleibt den Lehrkräften, die – wie sie es in Ökotopia insgesamt gewöhnt sind – gut im Team arbeiten, selbst überlassen, was deutsche Lehrerinnen und Lehrer neidisch werden lässt in Anbetracht der hiesigen reglementierten Curricula, die sie abarbeiten müssen.

Ein Großteil des vorwiegend projektorientierten Unterrichtes findet im Freien, vor allem im Wald, statt. Die Zeit für eine Unterrichtseinheit wird flexibel gehandhabt. Dies kommt dem unterschiedlichen Lernverhalten und Bewegungsdrang der einzelnen Schülerinnen und Schüler sehr entgegen. In Deutschland ist so eine Unterrichtsform höchstens in einer ausgewiesenen Projektwoche möglich.

Eine weitere Besonderheit in Ökotopia ist, dass in jeden Schulalltag eine mindestens zweistündige berufspraktische Phase eingebunden ist. In einer schuleigenen Werkstatt stellen die Schülerinnen und Schüler mit großer Begeisterung kleine Holzartikel, z.B. Vogelhäuschen, her, die verkauft werden, pflegen im Schulgarten die Pflanzen oder bereiten in der Küche das Mittagessen vor. Auf diese Weise verinnerlichen sie das Sprichwort, dass sie nicht für die Schule, sondern für das Leben lernen.

Die Universitäten in Ökotopia, allen voran Berkeley, haben einen international guten Ruf. Das Humboldt'sche Prinzip der Menschenbildung durch Forschung, welches in Deutschland stark verwässert ist, lebt hier. Die Anzahl der Studierenden in Ökotopia ist gegenüber früheren Zeiten zurückgegangen, weil es nämlich junge Erwachsene, die einen akademischen Dünkel haben und sich durch den Erwerb eines Doktortitels primär Bewunderung und eine sehr gut dotierte Arbeitsstelle versprechen, nicht mehr gibt. Denn, wie schon im Kapitel 2.7 erwähnt, werden in Ökotopia keine extrem hohen Gehälter gezahlt, und in den Gemeinschaften, in denen die Ökotopier leben, kommt keiner auf die Idee, sein Gegenüber mit „Frau/Herr Doktor" anzusprechen. Studierende in Ökotopia sind – wie man sich ideale Studierende wünscht – intrinsisch motiviert und möchten im Faust'schen Sinne tatsächlich wissen, „was die Welt im Innersten zusammenhält". Als Forschungsschwerpunkte haben sich an den Universitäten in Ökotopia solche zu ökologischen Fragen herauskristallisiert.

2.10   Ökotopia, eine Utopie?

Der Reporter William Weston sieht, wie das meiste in Ökotopia harmonisch abläuft. Trotzdem, geprägt durch seinen eigenen US-amerikanische Lebensstil, kämpft er ständig mit seinem Vorurteil, dass Ökotopia nicht wahr sein und niemals so funktionieren könne und dass irgendwo ein Haken bei der Sache sein müsse. Doch er wird immer aufs Neue widerlegt. Lediglich die rituellen Kriegs-spiele, mit denen Aggressionen abgebaut und auf diese Weise echte kriegerische Auseinandersetzungen verhindert werden sollen, sind abstoßend. Und das sehr freizügige Sexualverhalten der Ökotopier enthält Relikte des weitgehend gescheiterten Lebens-stils in Hippie-Kommunen und ist zumindest gewöhnungsbedürf-tig. Aber am Ende seiner sechswöchigen journalistischen Mission entscheidet sich William Weston, nicht nach New York zurück-zukehren, sondern in Ökotopia zu bleiben.

In Anbetracht der heutigen globalen Metakrise aus Klima-wandel, Artensterben, Umweltverschmutzung etc. *müssen* wir »Unsere Welt neu denken« [2]. Ernest Callenbach war ein großer Vordenker. Und initiierende Protestbewegungen gibt es heute, allen voran „Fridays for Future".

3 Eine Zeitreise unter Leitung künstlicher Intelligenz

Biblische Geschichten zeigen die Faszination irdischen Lebens, seine Fragilität und seine Schutzbedürftigkeit. Darüber hinaus verdeutlichen sie die menschlichen Stärken und Schwächen, die entscheidend dafür sind, ob dieses Leben eine Zukunft hat oder nicht. Dies wurde im Kapitel 1 erörtert.

Im Kapitel 2 wurde der Staat Ökotopia vorgestellt, den es in Wirklichkeit gar nicht gibt. Doch die Idee dahinter lehrt uns vieles über ein erstrebenswertes friedvolles und nachhaltiges zukünftiges Leben.

Da die Zukunft der Menschheit vermutlich stark von künstlicher Intelligenz (KI) beeinflusst sein wird, ist zu hoffen, dass diese auch dabei hilft, die zahlreichen und großen anstehenden Probleme in Hinblick auf Klimawandel, Artensterben, Ressourcenknappheit etc. zu lösen. Im Rahmen eines Ökologie-Seminars im Sommersemester 2023 haben fünf Studentinnen (meine Koautorinnen) und ich deshalb dem momentan bekanntesten Vertreter der künstlichen Intelligenz, dem Chatroboter ChatGPT-4 [40], Fragen zu entsprechenden Themen gestellt und dadurch seine ökologische Kompetenz getestet (vgl. [21, 22, 41]).

Dies haben wir in einem Gedankenexperiment getan, über das im vorliegenden Kapitel berichtet wird und das auch in der fachdidaktischen Zeitschrift *Chemie in Labor und Biotechnik* (CLB) publiziert wird [42]. Und zwar haben wir eine fiktive Zeitreise angetreten und uns mit einer Zeitmaschine in verschiedene Stadien der Vergangenheit gebeamt, begleitet von ChatGPT-4 als „Reiseleiter". Wie waren das Klima und die Lebensbedingungen damals? Was hat sich im Laufe der Zeit verändert und warum? Was können wir daraus für ein zukünftig nachhaltiges Leben auf der Erde lernen? Die Erklärungen von ChatGPT-4 haben wir auf ihre Richtigkeit geprüft und in unserer Diskussion ergänzt.

3.1 Planung der fiktiven Zeitreise

Elf Reiseziele wurden ausgewählt. An jedem davon wollten wir unserem KI-Reiseleiter eine Frage und ggf. ergänzenden Fragen stellen, deren Beantwortung punktuell zu einem tieferen Verständnis der vielschichtigen gegenwärtigen Krisen beitragen und Lösungswege aufzeigen sollten.

Jedes der Kapitel 3.2 - 3.12 beschreibt ein Reiseziel und was dort gelernt wurde. Einleitend werden die Wahl des jeweiligen Ziels begründet und erste Reiseeindrücke geschildert. In einem Kasten ist unser jeweiliger Chat abgedruckt, bestehend aus unseren Fragen und den Antworten von ChatGPT-4, die wir bis auf den Schriftsatz unverändert gelassen haben, damit sich die Leserinnen und Leser auch einen Eindruck von der sprachlichen Qualität der KI-Texte machen können. Es folgen ein fachdidaktischer Kommentar und ergänzende Erläuterungen, quasi als Fazit des Reisetages (*kursiv* gesetzt). Ergänzend gibt es Hyperlinks zu Bilder aus dem Internet.

Im Kapitel 3.13 wird die gesamte Zeitreise abschließend bewertet, und ChatGPT-4 erhält ein Zeugnis.

Vor dem Start haben wir unseren Chatbot geprüft (Chat zu Kap. 3.1), ob er sich mit der **Radiocarbonmethode** (Abb. 39) und der **Analyse von Eisbohrkernen** (Abb. 40 und 41) auskennt. Das sind nämlich die analytischen Methoden, denen wir einen Großteil unseres Wissens über die Vergangenheit verdanken. Außerdem wollten wir ihn ehrlich fragen, wie er sich selbst einschätzt, uns in Klimafragen zu beraten (vgl. [43]).

> https://upload.wikimedia.org/wikipedia/commons/2/27/C14_methode_physikalische_grundlagen.svg
>
> https://upload.wikimedia.org/wikipedia/commons/9/9c/Icecore_4.jpg
>
> https://upload.wikimedia.org/wikipedia/commons/thumb/f/ff/GISP2D1837_crop_rotated.jpg/114px-GISP2D1837_crop_rotated.jpg

Abbildungen 39, 40 und 41: Theoretische Grundlagen der Radiokarbonmethode zur Altersbestimmung (oben); Entnahme eines Eisbohrkerns aus einem Hohlkernbohrer (Mitte); sichtbare Jahresringe in einem Eisbohrkern aus der letzten Eiszeit, in denen Luftblasen eingeschlossen sind, die auf die Zusammensetzung der damaligen Atmosphäre hin untersucht werden können (unten).

<u>Frage:</u>
Wie können Sie den Menschen beim Klimawandel helfen?

<u>Antwort GPT-4:</u>
Als KI-basierte Sprachmodell kann ich Menschen dabei helfen, sich über den Klimawandel zu informieren und ihnen Möglichkeiten aufzeigen, wie sie ihren eigenen Beitrag zur Reduzierung von Treibhausgasemissionen leisten können. Hier sind einige konkrete Wege, wie ich helfen kann:

1. *Bereitstellung von Informationen: Ich kann Fragen beantworten und Informationen über den Klimawandel und dessen Auswirkungen auf die Umwelt und die Gesellschaft bereitstellen.*
2. *Sensibilisierung: Ich kann dazu beitragen, das Bewusstsein der Menschen für den Klimawandel und seine Auswirkungen auf die Umwelt und die Gesellschaft zu schärfen.*
3. *Bereitstellung von Lösungen: Ich kann den Menschen helfen, Lösungen zu finden, wie sie ihren eigenen Beitrag zur Reduzierung von Treibhausgasemissionen leisten können. Dazu können beispielsweise Tipps zur Energieeinsparung, zur Reduzierung des Fleischkonsums oder zur Nutzung erneuerbarer Energien gehören.*
4. *Motivation: Ich kann die Menschen motivieren, sich aktiv für den Klimaschutz einzusetzen, indem ich ihnen aufzeige, welchen Einfluss ihr Handeln auf die Umwelt hat und welche Auswirkungen es haben kann, wenn viele Menschen gemeinsam handeln.*
5. *Bereitstellung von Verbindungen: Ich kann die Menschen mit Organisationen und Initiativen verbinden, die sich für den Klimaschutz einsetzen und ihnen helfen, aktiv zu werden.*

Es ist wichtig zu betonen, dass ich als KI-Modell nur eine begrenzte Rolle bei der Bekämpfung des Klimawandels spielen kann. Letztendlich liegt es an den Menschen, Maßnahmen zu ergreifen und ihr Verhalten zu ändern, um den Klimawandel zu bekämpfen.

<u>Frage:</u>
Erklären Sie bitte das Prinzip der Altersbestimmung nach der ^{14}C-Methode.

<u>Antwort GPT-4:</u>
Die Radiokarbon- oder ^{14}C-Methode ist eine gebräuchliche Methode zur Altersbestimmung von organischen Materialien wie beispielsweise eingeschlossenen Funden, fossilen oder antiken Textilien. Hier ist das Prinzip der Radiokarbon-Datierung:

1. *Radiokarbonbildung: In der Erdatmosphäre wird ständig Kohlenstoff-14 (^{14}C) gebildet, wenn kosmische Strahlung Stickstoff-14 (^{14}N)*

in der Atmosphäre trifft. Diese Reaktion führt zur Bildung von radioaktivem ^{14}C, das sich mit dem stabilen Kohlenstoffisotop ^{12}C in der Atmosphäre vermengt.

2. Aufnahme von ^{14}C durch Organismen: Pflanzen nehmen während der Photosynthese Kohlendioxid (CO_2) aus der Atmosphäre auf, das sowohl ^{12}C als auch ^{14}C enthält. Tiere nehmen das Kohlenstoffisotop ^{14}C auf, indem sie Pflanzen oder andere Tiere fressen.

3. Tod des Organismus: Wenn ein Organismus stirbt, hört die Aufnahme von ^{14}C auf, und der ^{14}C-Gehalt im Organismus beginnt zu zerfallen. Da ^{14}C radioaktiv ist, zerfällt es mit einer bekannten Halbwertszeit von etwa 5.730 Jahren.

4. Messung des ^{14}C-Gehalts: Durch die Messung des ^{14}C-Gehalts in einer Probe kann das Alter des organischen Materials bestimmt werden. Moderne Messgeräte, wie beispielsweise Beschleuniger-Massenspektrometer, können den ^{14}C-Gehalt in winzigen Probenpräzision messen.

5. Altersbestimmung: Durch den Vergleich des gemessenen ^{14}C-Gehalts mit dem ursprünglichen ^{14}C-Gehalt in der Atmosphäre kann das Alter der Probe berechnet werden. Dies wird oft in Jahren vor heute angegeben.

Es ist jedoch zu beachten, dass die Radiokarbon-Datierung bestimmte Einschränkungen und Unsicherheiten hat, insbesondere bei sehr alten Proben oder bei Proben, die mit modernem Kohlenstoff verunreinigt sind. Die Methode wird daher oft in Kombination mit anderen radiometrischen oder chronologischen Methoden verwendet, um ein genaues Altersbild zu erhalten.

<u>Frage:</u>
Erläutern Sie bitte die Bestimmung der Zusammensetzung der Atmosphäre in früheren Zeiten anhand von Eisbohrkernen und der Radiocarbonmethode.

<u>Antwort GPT-4</u>:
Eisbohrkerne sind zylindrische Proben von Eis, die aus Eisschilden oder Gletschern entnommen werden und Informationen über die Zusammensetzung der Atmosphäre in vergangenen Zeiten enthalten. Die Radiokarbonmethode (^{14}C-Methode) kann zur Bestimmung des Alters von Eisbohrkernen verwendet werden, um die Atmosphärenzusammensetzung zu rekonstruieren.

Die Methode beginnt mit der Entnahme von Eisbohrkernen aus Eisschichten, die Jahrtausende oder sogar Jahrhunderttausende zurückreichen können. Diese Eisschichten enthalten winzige Luftblasen, die beim Einschließen in das Eis die Zusammensetzung der damaligen Atmosphäre konservieren.

Um die Zusammensetzung der Atmosphäre in vergangenen Zeiten zu bestimmen, werden die in den Eisbohrkernen enthaltenen Luftblasen extrahiert und analysiert. Dabei wird auch das Verhältnis von ^{14}C zu ^{12}C gemessen, um das Alter des Eises zu bestimmen.

Mit den gewonnenen Daten kann die atmosphärische Zusammensetzung in früheren Zeiten rekonstruiert werden, einschließlich der Konzentrationen von Treibhausgasen wie Kohlendioxid (CO_2), Methan (CH_4) und Lachgas (N_2O), sowie anderer atmosphärischer Bestandteile. Dies ermöglicht es Wissenschaftlern, Veränderungen in der Atmosphärenzusammensetzung im Laufe der Zeit zu verstehen und Informationen über Klimaveränderungen, Umweltbedingungen und menschliche Aktivitäten in der Vergangenheit zu gewinnen.

Chat zu Kapitel 3.1: Wie kann ChatGPT-4 den Menschen bei der Bewältigung der Klimaproblematik helfen und was weiß er konkret über die Radiocarbonmethode und die Analyse eines Eisbohrkerns?

ChatGPT-4 geht zwar nicht auf die mathematische Auswertung einer Radiocarbonmessung ein, erklärt aber deren Prinzip und auch die Bedeutung von Eisbohrkernanalysen sehr anschaulich (vgl. Abb. 39-41). Wir haben nachgelesen [44] und ergänzend ein hübsches Lernvideo von Studyflix [45] angeschaut und waren davon überzeugt, dass der Bot fachlich gut informiert ist, sodass wir auf seine Erklärungen während unserer Zeitreise gespannt waren.

Unser „Reiseleiter" räumt ein, dass er als künstliche Intelligenz uns Menschen nur begrenzt helfen kann, den Klimawandel und dessen Folgen in den Griff zu bekommen. Es ist richtig, dass er uns die Verantwortung dafür zuschreibt. Wir haben aus seinen Äußerungen aber den Eindruck, dass er wirklich helfen kann. Und uns ist natürlich bewusst, dass die Qualität seiner Aussagen maßgeblich davon abhängt, wie er selbst mit relevanten Daten gefüttert wird [43], sprich: wie gut seine Ausbildung als Zeitreiseleiter ist.

Los geht's. Ins Zeitalter der Kohle-Entstehung, zu den Dinos, zu den Jägern und Sammlern, ins Jahr ohne Sommer … wo wir Geschichten erwarten, die erst aufgrund von Gesteins-, Gewebe-,

Knochen- oder Eisbohrkernanalysen mit der Radiocarbonmethode erzählt werden können und die uns über Zukunftsfragen und ein nachhaltiges Leben auf unserem Planeten Erde nachdenken lassen.

3.2 Im Karbon – Entstehung von Kohle

Der Anstieg der CO_2-Konzentration in der Atmosphäre seit der Industriellen Revolution (Kap. 3.10) ist im Wesentlichen auf die Verbrennung der fossilen Rohstoffe Kohle, Erdöl und Erdgas zurückzuführen. Stellvertretend für diese drei wollten wir etwas über die Entstehung von Kohle (Abb. 42) im Karbon-Zeitalter und ihre Bedeutung für den Kohlenstoffkreislauf auf der Erde erfahren (Abb. 44). Deshalb haben wir unsere Zeitreise mit einem Spaziergang durch ein sumpfiges Waldgebiet im Karbon vor grob 300 Millionen Jahren (Abb. 43) begonnen.

https://upload.wikimedia.org/wikipedia/commons/7/72/Coal_anthracite.jpg

https://upload.wikimedia.org/wikipedia/commons/thumb/d/d8/Ruhrmuseum-Ebene-6-Geschichte3717.jpg/1024px-Ruhrmuseum-Ebene-6-Geschichte3717.jpg

https://upload.wikimedia.org/wikipedia/commons/c/c1/Formation_of_coal.png

Abbildungen 42, 43 und 44: Kohle (oben) – Antreiber der Industriellen Revolution und des Klimawandels. Waldlandschaft im Karbon (Mitte) und erdgeschichtliche Entstehung von Kohle (unten).

Frage:
Erläutern Sie bitte mit maximal 200 Wörtern, wie geogeschichtlich Kohle entstanden ist.

Antwort GPT-4:
Kohle ist ein fossiler Brennstoff, der sich aus abgestorbenen Pflanzenresten gebildet hat, die sich im Laufe der Zeit unter bestimmten Bedingungen in Kohle umgewandelt haben. Der Prozess der Kohlebildung begann vor rund

300 Millionen Jahren im Karbonzeitalter, als große Wälder aus Schachtelhalmgewächsen, Farnen und Bäumen wuchsen und im Laufe der Zeit starben und in Sümpfen versanken. Die Pflanzenreste wurden unter Luftabschluss und hohem Druck von überlagernden Sedimenten bedeckt und langsam verpresst. Durch die Einwirkung von hohen Temperaturen und Druck wurden die organischen Stoffe in den Pflanzen chemisch umgewandelt und es entstanden erste Stadien der Kohlebildung, wie Braunkohle. Im weiteren Verlauf der Kohlebildung wurden die Pflanzenreste immer stärker komprimiert und die Temperaturen und Drücke erhöht sich weiter. Dadurch verändert sich die chemische Zusammensetzung der Kohle, und es entstanden verschiedene Kohletypen wie Steinkohle und Anthrazit.

Die Entstehung von Kohle ist auch ein langwieriger geologischer Prozess, der über Millionen von Jahren abläuft und von bestimmten Bedingungen wie Luftabschluss, hohem Druck und hohen Temperaturen abhängig ist.

Frage:

Erläutern Sie bitte mit maximal 200 Wörtern, wieso die Kohle-Bildung eine Form der CO_2-Speicherung ist und die Kohle heute besser unter der Erde bleiben sollte?

Antwort GPT-4:

Die Bildung von Kohle ist ein Prozess, bei dem organischen Material, wie Pflanzenreste, über Millionen von Jahren unter hohem Druck und hoher Temperatur in den Tiefen der Erde in Kohle umgewandelt wird. Kohle große Mengen an Kohlenstoff enthält einen Hauptbestandteil von Kohlendioxid (CO_2), das ein Treibhausgas ist und zur Erderwärmung von Proteinen.

Kohle kann als Eine Form der natürlichen CO_2-Speicherung betrachtet Werden, da der Kohlenstoff, der in der Kohle enthalten ist, über lange Zeiträume in der Erdkruste eingeschlossen bleibt und nicht in die Atmosphäre freigesetzt WIRD. Dies trägt dazu bei, den Kohlenstoffkreislauf der Erde im Gleichgewicht zu halten.

Es wird argumentiert, dass Kohle heute besser unter der Erde bleiben sollte, anstatt abgebaut und verbrannt zu werden, um Energie zu erzeugen. Denn bei der Verbrennung von Kohle wird das in der Kohle enthaltene Kohlenstoffdioxid in die Atmosphäre freigesetzt und trägt somit zur erhöhten CO_2-Konzentration in der Atmosphäre und zum Klimawandel bei.

Um die Auswirkungen des Klimawandels zu reduzieren, wird daher verstärkt darauf hingewiesen, dass die Nutzung von Kohle als Energiequelle reduziert oder vermieden werden sollte und alternativ, kohlenstoffarme Energiequellen wie erneuerbare Energien ausgebaut werden sollten.

> *Es wird auch diskutiert, Technologien wie Carbon Capture and Storage (CCS) zu entwickeln und einzusetzen, um CO$_2$-Emissionen aus Kohlekraftwerken abzufangen und zu speichern, um so die Freisetzung von Kohlendioxid in der Atmosphäre zu reduzieren.*

Chat zu Kapitel 3.2: Gespräch über die Entstehung von Kohle.

Zum besseren Verständnis sollte erwähnt werden, dass bei der Fotosynthese der Pflanzen der Luft Kohlenstoffdioxid entzogen wird. Dessen C-Anteil befindet sich letztlich in der Kohle. Deshalb ist es auch plausibel, Aufforstungsmaßnahmen durchzuführen, um den CO$_2$-Gehalt in der Atmosphäre zu senken.

Schön, dass der Bot von sich aus auf eine technische Möglichkeit zur Entfernung von Kohlenstoffdioxid aus der Luft, und zwar auf das Carbon Capture and Storage-Verfahren (CCS) [46], hingewiesen hat, das demnächst eine größere Rolle spielen dürfte.

3.3 In der Kreidezeit – Leben und Sterben der Dinosaurier

Wer kennt nicht die Filmreihe »Jurassic Park« (Abb. 45) oder hat(te) einen Dino als Kuscheltier? Warum viele Menschen von den Dinosauriern so fasziniert sind, hängt insbesondere mit der Frage zusammen, wie diese mächtigen Tieren aussterben konnte. Heute ist sich die Wissenschaft ziemlich sicher, dass der Einschlag von einem Meteoriten zu einer erheblichen Klimaveränderung geführt hat, welche die Dinosaurier nicht verkraftet haben (Abb. 46). In Anbetracht der heutigen Erderwärmung schürt das die Angst, dass vielleicht auch die Menschheit aussterben könnte. Oder würden wir mit einer 5-6 Grad wärmeren Welt zurechtkommen bzw. eine ökologische Nische finden? Neugierig beamten wir uns in die Kreidezeit vor ca. 145 - 65 Millionen Jahren.

https://i.etsysta-tic.com/14319357/r/il/4870f3/1955131759/il_1588xN.19551317 59_1t3g.jpg

https://www.swr.de/wissen/1647872535390,asteroid-dinosau-riersterben-112~_v-16x9@2dL_-6c42aff4e68b43c7868c3240d3ebfa29867457da.jpg

Abbildungen 45 und 46: Zusammenleben von T-Rex und Menschen (oben)? Das Ende der Dinosaurier durch einen Meteoriteneinschlag (unten).

Frage:
Hätte der moderne Mensch zur Zeit der Dinosaurier und insbesondere unter den damaligen klimatischen Bedingungen leben können? Formulieren Sie Ihre Antwort bitte mit maximal 200 Wörtern.

Antwort GPT-4:
Es ist unwahrscheinlich, dass der moderne Mensch unter den klimatischen Bedingungen und in der Anwesenheit von Dinosauriern überleben könnte. Die Zeit der Dinosaurier war geprägt von extremen Klimabedingungen, die sich stark von den heutigen unterscheiden. Es gab beispielsweise sehr hohe Temperaturen und hohe Luftfeuchtigkeit, aber auch Perioden von starken Klimaschwankungen und Naturkatastrophen wie Vulkanausbrüchen oder Meteoriteneinschlägen. Der menschliche Organismus ist an heutige Um-weltbedingungen angepasst und wäre den extremen klimatischen Bedin-gungen und der Nahrungsknappheit in der Zeit wahrscheinlich nicht ge-wachsen.

Zudem gibt es keinen Hinweis darauf, dass der menschliche Vorfahr, der Homo habilis, der vor etwa 2,8 bis 1,5 Millionen Jahren lebt, die Dino-saurierzeit überlebt hätte. Die Dinosaurier starben etwa 65 Millionen Jahre vor der Entstehung des Homo habilis aus.

Insgesamt kann man sagen, dass der moderne Mensch nicht in der Lage wäre, in der Zeit der Dinosaurier und unter den klimatischen Bedin-gungen gewesen zu sein.

Chat zu Kapitel 3.3: Gespräch über ein mögliches Leben von Menschen in der Zeit der Dinosaurier.

Ein paar konkrete Daten zur Atmosphäre in der ausgehenden Kreidezeit im Vergleich zu heute sollten ergänzt werden: Sie ent-hielt ca. 30 Vol.-% O_2 (150 % des heutigen Niveaus), ca.

1700 ppm CO_2 (Vierfaches heutiges Niveau) und hatte eine Durchschnittstemperatur von ca. 23 °C (8,5 °C über heutigem Niveau) [47]. Konkret nach diesen Daten gefragt, gab ChatGPT-4 die richtigen Größenordnungen an.

3.4 Die Besiedlung Australiens – Ende des Diprotodons

Vor rund 50.000 Jahren kamen die ersten Menschen nach Australien und fanden dort eine ganz andere Tier- und Pflanzenwelt, als wir sie heute kennen. Warum hat sich das Land im Laufe der Zeit so stark verändert? Neugierig reisten wir ins Pleistozäns und den Lebensraum des Diprotodons, jenes über 2,5 Tonnen schweren Beuteltieres mit einer Länge von ca. 3 und einer Schulterhöhe von 2 Metern (Abb. 47 und 48). Warum ist dieser große Pflanzenfresser ausgestorben? War er den in seinen Lebensraum eindringenden Menschen gegenüber zu zutraulich und wurde es deshalb deren leichte Beute?

---

https://commons.wikimedia.org/wiki/File:Diprotodon.jpg

https://static.wikia.nocookie.net/animalplanetsthemostextreme/images/4/48/Diprotodon-by-Mario-Lanzas.png/revision/latest?cb=20210710000748

Abbildungen 47 und 48: Urzeitliches Diprotodon (oben ein Skelett, unten neben einem Menschen zum Größenvergleich).

<u>Frage:</u>
Was war die Ursache für das Aussterben des Diprotodons?

<u>Antwort GPT-4:</u>
Das Diprotodon, eine ausgestorbene Gattung von Riesenbeuteltieren, lebte während des Pleistozäns in Australien und Neuguinea und wird angenommen, vor etwa 25.000 Jahren ausgestorben zu sein. Es gibt keine eindeutige Antwort auf die Ursache für das Aussterben des Diprotodon, da mehrere Faktoren eine Rolle gespielt haben könnten.

Eine gängige Hypothese ist, dass der Klimawandel während des Pleistozäns eine entscheidende Rolle gespielt haben könnte. Während dieser Zeit gab es erhebliche Klimaveränderungen, darunter kältere und trockenere

Perioden, die zu Veränderungen in der Vegetation und im Nahrungsange-bot geführt haben könnten. Dies könnte das Überleben von Diprotodon und anderen Megafauna beeinträchtigt haben.

Es wird auch vermutet, dass menschliche Aktivitäten, wie Jagd und Lebensraumzerstörung, zum Aussterben von Diprotodon beigetragen haben könnten. Die Ankunft von Menschen in Australien während des Pleisto-zäns wird als ein potenzieller Faktor betrachtet, da die Überjagung von Megafauna und die Veränderung von Lebensräumen durch menschliche Ak-tivitäten zu einem Rückgang der Populationen geführt haben könnten.

Es ist auch möglich, dass Diprotodon mit anderen Arten um Nahrung und Lebensraum konkurriert hat, was zu Verdrängung oder Wettbewerb um Ressourcen geführt haben könnte.

Es ist jedoch wichtig zu beachten, dass das Aussterben von Arten oft auf Eine Kombination von Faktoren ausgelöst IST und nicht auf Eine ein-zelne Ursache reduziert werden kann. Die genauen Ursachen für das Aus-sterben des Diprotodon sind noch Gegenstand von wissenschaftlicher For-schung und Diskussion, und weitere Studien und Entdeckungen können zu einem besseren Verständnis führen.

Chat zu Kapitel 3.4: Gespräch über das Aussterben des Diprotodons. Ist der Mensch ein invasives Lebewesen?

Ökosysteme sind ausgesprochen komplex. Deshalb war es gut von ChatGPT-4 darauf hinzuweisen, dass ein Artensterben in der Regel nicht eine Ursache allein hat. Wenn wir allerdings be-trachten, wie stark die Erde heute vom Menschen geprägt ist und es deutlich mehr Kulturland als Wildnis gibt und die Lebensräume für wilde Tiere und Pflanzen immer kleiner werden, kann man die Menschen wohl als die Hauptverantwortlichen für die Verände-rungen von Ökosystemen bezeichnen. Folglich sollte dem Natur-schutz eine deutlich höhere Bedeutung zukommen. In dieser Hin-sicht stimmt z.B. das vor Kurzen beschlossene Hochseeschutz-abkommen [9] optimistisch.

3.5   In der Eiszeit – Versiegen des Golfstroms

Vom Australien seiner Erstbesiedlungszeit beatmen wir uns ins nördliche Mitteleuropa vor 20.000 Jahre. Das war die Hochzeit der letzten großen Eiszeit und des mächtigen Wollhaarmammuts

(Abb. 49). Wir haben ganz schön gefroren und fragten uns natürlich, wie die Menschen damals bei dieser Kälte überhaupt überleben konnten (Abb. 50). Sie mussten besonders anpassungsfähig gewesen sein. Können wir davon lernen? Bei unserer Reisevorbereitung haben wir gelesen, dass eine Eiszeit etwas mit dem Erliegen des Golfstroms zu tun hat. Das wollten wir genauer wissen.

---

https://upload.wikimedia.org/wikipedia/commons/9/98/A_Berezovka_foly%C3%B3_v%C3%B6lgye%2C_mamutlelet._Balra_a_lelet_felfedez%C5%91je%2C_Eugene_W._Pfitzenmayer_r%C3%A9g%C3%A9sz._Fortepan_95087.jpg

https://static.spektrum.de/fm/912/f2000x857/Adobe-Stock_77334580_anibal.jpeg

---

Abbildungen 49 und 50: Das Berjosowka-Wollhaarmammut, gefunden 1901 im Permafrost Sibiriens (oben), und Menschen in der Eiszeit (unten).

Frage:
Erläutern Sie bitte mit maximal 200 Wörtern, wie Menschen die Eiszeit überleben konnten?

Antwort GPT-4:
Während der Eiszeit vor etwa 2,6 Millionen Jahren bis etwa 11.700 vor Christus war das Überleben für den Menschen eine enorme Herausforderung. Die Menschen dieser Zeit lebten von der Jagd auf große Tiere, wie Mammuts und Rentiere, und dem Sammeln von wilden Pflanzen. Um zu überleben, mussten die Menschen in der Lage sein, sich an die extremen klimatischen Bedingungen anpassen. Sie mussten robuste Kleidung und Unterkünfte bauen, um sich vor der Kälte zu schützen.

Die Menschen waren gezwungen, in Gruppen zusammenzuleben, um ihre Überlebenschancen zu erhöhen. Sie tauschten Wissen über die Natur aus und nutzten ihre Fähigkeiten, um Werkzeuge, Waffen und Feuer zu machen. Einige Forscher gehen davon aus, dass der Mensch während der Eiszeit auch neue Technologien wie den Bogen und Pfeil entwickelt hat, um effektiver jagen zu können.

Die Menschen mussten auch lernen, sich an die Nahrungsmittelknappheit anzupassen und sich auf die Jagd auf kleinere Tiere wie Hasen und Fische zu konzentrieren. Darüber hinaus spielten pflanzliche Nahrungsmittel wie Wurzeln, Beeren und Wildfrüchte eine wichtige Rolle in der Ernährung.

Insgesamt war das Überleben in der Eiszeit eine Herausforderung, die nur durch Anpassung, Zusammenarbeit und die Entwicklung neuer Fähigkeiten bewältigt werden konnte.

Frage:

Wäre es denkbar, dass im Zuge der Erderwärmung der Golfstrom zum Erliegen kommt? Welche Konsequenz hätte das? Formulieren Sie Ihre Antwort bitte mit maximal 200 Wörtern.

Antwort GPT-4:

Es ist wahrscheinlich denkbar, dass der Golfstrom im Zuge der Erderwärmung zum Erliegen kommt. Der Golfstrom ist ein Teil des globalen Förderbandes, das für den Wärmetransport von den Tropen in Richtung der Pole sorgt. Durch den Klimawandel WIRD jedoch mehr Süßwasser in den Nordatlantik gelangen, insbesondere durch das Abschmelzen von Eis und Gletschern sowie durch verstärkte Niederschläge und Flüsse. Dieses Süßwasser ist weniger dicht als das Salzwasser und kann die Zirkulation des globalen Förderbandes stören oder sogar zum Stillstand bringen.

Die Konsequenzen eines zum Erliegen gekommenen Golfstroms wären erheblich. Der Golfstrom sorgt für ein relativ mildes Klima in Westeuropa und Nordamerika und ohne ihn könnte es in diesen Regionen erheblich kälter werden. Auch die Niederschlagsmuster könnten sich verändern, was Auswirkungen auf die Landwirtschaft und den Wasserhaushalt haben würde. Zudem könnte der Golfstrom auch für den Transport von Nährstoffen und für den Fischfang von Bedeutung sein, so dass dessen Versiegen auch wirtschaftliche Konsequenzen hätte.

Es ist jedoch wichtig anzumerken, dass die Auswirkungen eines zum Erliegen gekommenen Golfstroms noch nicht vollständig verstanden sind und dass weitere Forschung erforderlich ist, um die genauen Auswirkungen auf das Klima und die Umwelt zu verstehen.

Chat zu Kapitel 3.5: Gespräch über die Eiszeit und das Klima im Zusammenhang mit dem Golfstrom.

Es ist schon bewundernswert, wie anpassungsfähig die Menschen unter den klimatisch extremen Bedingungen der Eiszeit [48] waren. Dies macht grundsätzlich Mut, dass wir auch in einer wärmeren Welt überleben können, insbesondere unter Anwendung technischer Möglichkeiten, welche unsere Vorfahren noch nicht hatten. (Die Wissenschaft arbeitet sogar ernsthaft daran, Stationen auf dem Mars zu errichten, in denen Menschen leben können.) Mit viel technischem Aufwand gestaltete Nischen werden aber nur für wenige reiche oder besonders privilegierte Menschen verfügbar sein; der große Rest der Erdbewohner dürfte das Nachsehen haben und der Klimawandel die soziale Ungerechtigkeit auf der Welt verstärken.

Die Diskussion, ob trotz einer Erhöhung der mittleren [sic] Temperatur der Erdatmosphäre der Golfstrom [49] zum Erliegen kommen kann und dann – beschränkt auf den nördlichen Bereich der Erde – eine deutliche Abkühlung bis hin zu einer neuen Eiszeit eintritt, wurde von ChatGPT-4 sehr schwammig geführt, sodass ein Laie die Zusammenhänge kaum verstehen wird. Sie zeigt aber trotzdem, wie komplex das Klima auf der Erde ist. Dürren bis hin zu Wüstenbildungen in einigen Regionen stehen nicht im Widerspruch zu Starkregen und Überschwemmungen woanders, sind vielmehr komplementäre Ergänzungen. Wie sich im Rahmen der menschengemachten Erderwärmung das Klima und damit ganze Ökosysteme wirklich ändern – da werden wir noch einige Überraschungen erleben. Also sollten wir vorsichtshalber alles daransetzen, die Erderwärmung zu stoppen.

3.6 Bei den Jägern und Sammlern – Eine nachhaltige Lebensweise?

Die Menschen in der Eiszeit waren Jäger und Sammler, ebenso wie unser ausgestorbener Verwandter, der Neanderthaler (Abb. 51), der vor 130.000-40.000 Jahren lebte. Das war die gängige Lebensform vor der Neolithischen Revolution, die vor 12.000 Jahren begann und wohin wir uns im nächsten Kapitel 3.7 noch beamen werden. Den Lebensstil der Jäger und Sammler gibt es in eingeschränkter Form auch noch bei einigen indigenen Bevölkerungsgruppen, die wir in Afrika (Abb. 53), im Amazonas-Gebiet und auf Neuguinea (Abb. 54) besucht haben. Wir wollten konkret wissen, ob das Leben früherer Jäger und Sammler nachhaltig war und wie heute die Rechte indigener Völker, insbesondere auf die selbstbestimmte Nutzung ihres Lebensraums, geschützt werden.

https://commons.wikimedia.org/wiki/File:Homo_sapiens_neanderthalensis-Mr._N.jpg

https://upload.wikimedia.org/wikipedia/commons/thumb/d/da/Algerien_5_0049.jpg/1280px-Algerien_5_0049.jpg

https://upload.wikimedia.org/wikipedia/commons/thumb/b/b2/Hadazbe_returning_from_hunt.jpg/1280px-Hadazbe_returning_from_hunt.jpg

https://upload.wikimedia.org/wikipedia/commons/thumb/c/c5/Kirikoraha_ceremony._Wellcome_M0005264.jpg/1280px-Kirikoraha_ceremony._Wellcome_M0005264.jpg

Abbildungen 51, 52, 53 und 54: Rekonstruktion eines Neanderthalers (oben). Felszeichnung von Jägern und Sammlern in früherer Zeit (zweites Bild von oben) und indigene Jäger und Sammler in Afrika (zweites Bild von unten) bzw. Sri Lanka (unten) heute.

Frage:

Kann man den Umgang der vorzeitlichen Jäger und Sammler mit der Natur als nachhaltig bezeichnen? Formulieren Sie bitte Ihre Meinung mit maximal 200 Wörtern.

Antwort GPT-4:

Die Frage, ob der Umgang der vorzeitlichen Jäger und Sammler mit der Natur als nachhaltig bezeichnet werden kann, ist kontrovers diskutiert und es gibt keine einfache Antwort darauf. Einerseits gibt es Hinweise darauf, dass diese Gesellschaften in vielen Fällen auf nachhaltige Weise mit der Natur umgegangen sind. Sie haben beispielsweise ihre Nahrungssuche und ihre Jagdpraktiken so angepasst, dass sie die Ressourcen nicht übernutzen und ökologische Gleichgewichte erhalten blieben. Auch haben sie ökologisch sensible Gebiete geschützt, um die Artenvielfalt zu erhalten. Gab es auch Fälle, in denen die Ressourcen übernutzt wurden oder gar zur Ausrottung von Tierarten führen.

Es ist jedoch wichtig zu betonen, dass die Kunst und Weise, wie vorzeitliche Jäger und Sammler mit der Natur umgingen, stark von den jeweiligen, geografischen und kulturellen Bedingungen abhing. Insofern lässt sich nicht pauschal sagen, ob ihr Umgang mit der Natur nachhaltig war oder nicht.

Es ist jedoch auch anzumerken, dass der moderne Mensch im Vergleich zu den vorzeitlichen Gesellschaften über ein viel größeres Wissen und Technologie verfügt, was die Verantwortung erhöht, auf eine nachhaltige Nutzung von Ressourcen zu achten. Der Erhalt der natürlichen Ressourcen ist von zentraler Bedeutung, um die Gesundheit von Ökosystemen und die Überlebensfähigkeit von Mensch und Tier zu gewährleisten.

Frage:
Wie werden die Rechte indigener Bevölkerungsgruppen heute geschützt?

Antwort GPT-4:

Der Schutz der Rechte indigener Völker ist ein wichtiges Thema in vielen Ländern weltweit, da indigene Völker oft marginalisiert, diskriminiert und von Landraub, Umweltzerstörung und kultureller Assimilation bedroht sind. Es gibt verschiedene Ansätze und Mechanismen, um die Rechte indigener Völker zu schützen, darunter:

1. *Internationale Vereinbarungen und Deklarationen: Die Vereinten Nationen haben mehrere Instrumente zur Förderung und zum Schutz der Rechten indigener Völker verabschiedet, darunter die Erklärung der Vereinten Nationen über die Rechte indigener Völker (UNDRIP) von 2007. Die UNDRIP betont die Rechte indigener Völker auf Selbstbestimmung, Kultur, Land, Ressourcen, Konsultation und Teilhabe.*

2. *Nationale Gesetzgebung: Viele Länder haben Gesetze erlassen, um die Rechte indigener Völker zu schützen. Diese can den Zugang zu Land und Ressourcen, kulturelle Rechte, Bildung, Gesundheitsversorgung, Konsultation und Beteiligung an politischen Entscheidungen betreffen.*

3. *Konsultation und Beteiligung: Ein wichtiger Ansatz für den Schutz indigener Rechte ist die Konsultation und Beteiligung von indigenen Völkern bei Entscheidungen, die sie betreffen. Dies kann in Form von Konsultationen, Verhandlungen, Partnerschaften und Dialogen mit indigenen Gemeinschaften und ihren Vertretern erfolgen.*

4. *Schutz von Landrechten: Der Schutz von Landrechten indigener Völker ist von entscheidender Bedeutung, da das Land für ihre Kultur, Identität, Wohlstand und Lebensweise von zentraler Bedeutung ist. Dies kann die Anerkennung von traditionellem Landbesitz, die Wiederherstellung von Landrechten und die Verhinderung von Landraub und illegaler Beschlagnahme von Land umfassen.*

5. *Förderung von kultureller Identität und kulturellem Erbe: Der Schutz der kulturellen Identität und des kulturellen Erbes indigener*

> *Völker ist wichtig, um ihre kulturelle Vielfalt, Traditionen, Sprachen, Bräuche und Wissen zu bewahren und zu fördern.*
>
> *Es ist jedoch wichtig zu beachten, dass trotz dieser Mechanismen viele indigene Völker weiterhin mit Herausforderungen und Bedrohungen konfrontiert sind, und der Schutz ihrer Rechte oft unzureichend ist. Der Kampf für die Anerkennung und den Schutz der Rechte indigener Völker ist daher weiterhin ein wichtiges Anliegen auf internationaler und nationaler Ebene.*

Chat zu Kapitel 3.6: Gespräch über Jäger und Sammler und den heutigen Schutz indigener Lebensweisen.

Das Leben der Sammler und Jäger [50] wird heute zu oft romantisiert und idealisiert unter dem Motto „zurück zur Natur". So zu leben, ist allerdings für momentan acht Milliarden Menschen auf der Erde – prognostiziert wird ein Anstieg auf zehn bis elf Milliarden – utopisch. Steinzeitliche Jäger und Sammler lebten weitgehend im Einklang mit der Natur (aber gewiss ohne ein ökologisches Bewusstsein im heutigen Sinne), weil ihre Populationen erstens deutlich kleiner waren als die anderer mittelgroßer und großer Lebewesen und weil sie zweitens nur natürliche Materialien benutzten und alles, was sie als Abfall hinterließen, biologisch abbaubar war. (Mikrobiell abbaubare, d.h. kompostierbare Materialien werden heute unter dem Gesichtspunkt der Nachhaltigkeit intensiv erforscht und entwickelt; vgl. Kap. 2.4)

Festzuhalten ist weiterhin, dass die Begriffe „Jäger und Sammler" und „indigene Bevölkerungsgruppen" nicht identisch sind. Letztere sind Nachkommen der Bewohner eines Gebietes, die dort schon lebten, bevor eine Eroberung oder Kolonisierung durch Fremde erfolgte. Indigene haben ihre eigene Kultur, die viel mehr als Jagen und Sammeln umfasst. Es gehört zu ihren Menschenrechten, dass Indigene über ihren Lebensstil und ihre Kultur selbst bestimmen dürfen. Weltweit wird die Gesamtzahl der Angehörigen indigener Völker auf ca. 350 Millionen Menschen geschätzt; die größte Dichte indigener Bevölkerungsgruppen gibt es mit über 1000 auf der Insel Neuguinea [51].

3.7 Die neolithische Revolution –
Der Weizen domestiziert den Menschen

Vor ca. 12.000 Jahren wurden die Menschen sesshaft und fingen an, Ackerbau zu betreiben. Wir beamten uns ins alte Ägypten, machten ein Praktikum bei den dortigen Bauern und sollten uns um ein Weizenfeld kümmern (Abb. 55). Das war eine fürchterliche Maloche: den Boden mit einer einfachen Harke auflockern, was unsere Rücken krumm werden ließ, das Feld gießen mit Wasser, das wir vom Nil heranschleppen mussten, ständig Heuschrecken abwehren (vgl. Abb. 9 in Kap. 1.2.4), die die Pflanzen fressen wollten, die Halme mit einer Sichel abschneiden und zu Bündeln zusammenbinden, dann die Weizenkörner aus den Ähren pulen und sie abschließend mit einem Stößel zu Mehl zerreiben … wir waren schweißgebadet; der Weizen hat uns wahrlich fertig gemacht.

https://www.selket.de/wp-content/uploads/2014/01/bauern-menna.jpg

Abbildung 55: Beginn der neolithischen Revolution – „Der Weizen domestiziert den Menschen." [52]

Frage:
Yuval Noah Harari behauptet in seinem Bestseller »Eine kurze Geschichte der Menschheit«, dass mit dem Beginn der neolithischen Revolution der Weizen den Menschen domestiziert habe – und nicht umgekehrt. Wie ist das zu verstehen?

Antwort GPT-4:
Die Behauptung von Yuval Noah Harari in seinem Buch „Eine kurze Geschichte der Menschheit", dass der Weizen die Menschen domestiziert habe und nicht umgekehrt, bezieht sich auf die Idee, dass die Entwicklung der Landwirtschaft und die Domestizierung von Pflanzen und Tieren tiefgreifende Auswirkungen auf die menschliche Gesellschaft und Kultur hatten und die Menschen in gewisser Weise in ihren Entscheidungen und Lebensweisen beeinflusst.

Harari argumentiert, dass der Übergang von der Jäger- und Sammler-Gesellschaft zur sesshaften, agrarischen Gesellschaft mit dem Beginn der neolithischen Revolution vor etwa 10.000 Jahren von Pflanzen wie Weizen

> und anderen Nutzpflanzen „gesteuert" wurde. Durch die Domestizierung
> von Pflanzen und Tieren konnten die Menschen sesshaft werden, feste Sied-
> lungen gründen und landwirtschaftliche Aktivitäten betreiben. Dies folgte
> zur Entstehung von menschlichen Gemeinschaften, zur Entwicklung von
> Ackerbau und Viehzucht, zur Herausbildung von Eigentumsverhältnissen,
> zur Entstehung von sozialen Hierarchien und zur Veränderung der mensch-
> lichen Ernährung.
>
> Mit der Domestizierung von Pflanzen wie Weizen, das in der Lage
> war, in größeren Mengen angebaut zu werden und eine stärkere Abhängig-
> keit der Menschen von der Landwirtschaft geschaffen, argumentiert Ha-
> rari, dass die Menschen in gewisser Weise von den Bedürfnissen und An-
> forderungen der domestizierten Pflanzen und Tiere sterben „gesteuert"
> wurden, statt bewusst und aktiv die Domestizierung betrieben zu haben.
> In diesem Sinne behauptet Harari, dass der Weizen die Aktivitäten der
> Menschen in gewisser Weise domestiziert habe, da die menschliche Gesell-
> schaft und Kultur sich entsprechend den Anforderungen der landwirt-
> schaftlichen und den Ansprüchen der Nutzpflanzen und Tiere bemüht.
>
> Es ist jedoch wichtig zu beachten, dass diese Ansicht nicht unumstrit-
> ten ist und von anderen Anthropologen und Historikern unterschiedlich be-
> wertet WIRD. Die Entstehung der Landwirtschaft und die damit verbun-
> denen Veränderungen in der menschlichen Gesellschaft sind ein komplexes
> und multifaktorielles Phänomen, das von verschiedenen Faktoren beein-
> flusst wurde, darunter Umweltbedingungen, technologische Innovationen,
> soziale Dynamiken und kulturelle Veränderungen. Die Diskussionen und
> Debatten über die Ursachen und Auswirkungen der neolithischen Revolu-
> tion und der Domestizierung von Pflanzen und Tieren sind daher viel-
> schichtig und weiterhin Gegenstand von Forschung und Diskussion in der
> wissenschaftlichen Gemeinschaft.

Chat zu Kapitel 3.7: Gespräch über die Neolithische Revolution.

Grundsätzlich lobenswert ist, dass ChatGPT-4 Texte aus der Literatur nicht einfach abschreibt, sondern umformuliert. Mit dem sprachlich genialen und sehr humorvollen Text des israelischen Professors für Universalgeschichte Yuval Noah Harari über die Domestizierung des Menschen durch den Weizen war der Bot aber sichtlich überfordert. Nur wer den Originaltext [52] kennt, kann ahnen, was ChatGPT-4 meint.

Kurz gesagt geht es darum, dass die Menschen mit dem Sess-haft-Werden zwar mehr Sicherheit gewonnen haben, die ihre Fortpflanzung begünstigte, dass sie dafür aber einen hohen Preis zahlen, nämlich die Freiheit des Lebens als Jäger und Sammler

*aufgeben mussten. Aus Siedlungen wurden Städte, Besitztum entstand und damit Neid, der wiederum zu Streit bis hin zu Mord, z.B.
am Ötzi (Abb. 56), und Krieg führte. Es gab Sklaven und Herrscher wie die Pharaonen, die sich als Götter verehren ließen
(Abb. 57). Gewiss lebten die Jäger und Sammler nicht im Paradies, aber vielleicht hat sich mit dem Beginn der Neolithischen
Revolution tatsächlich die biblische Verheißung erfüllt [1. Mose
3, 17-19]: „Verflucht sei der Acker! Mit Mühsal sollst du dich von
ihm nähren dein Leben lang. Dornen und Disteln soll er dir tragen. Im Schweiße deines Angesichts sollst du dein Brot essen."
Genau das haben wir auf unserer Zeitreise beim Praktikum bei
den altägyptischen Bauern erlebt.*

https://commons.wikimedia.org/wiki/File:Otzi-Quinson.jpg

https://upload.wikimedia.org/wikipedia/commons/c/c9/Tuts_Tomb_Opened.JPG

Abbildungen 56 und 57: Auch das brachte die Neolithische
Revolution mit sich – Mord an dem Ötzi (3258 ± 89 v. Chr.) (oben)
sowie die gottgleiche Verehrung eines herrschenden Pharaos,
hier Tutanchamun (etwa 1332-1323 v. Chr.) (unten).

3.8 Beim Tollund-Mann – Bedeutung von Mooren

Nach den Strapazen im altägyptischen Ackerbau zog es uns in
eine kühlere Gegend, und zwar in ein Hochmoor in Dänemark in
der Zeit um 400 v. Chr. Dort haben wir zufällig die Bestattung
eines etwa 40jährigen Mannes mitbekommen, der vermutlich als
Menschenopfer erhängt worden war, was uns natürlich einen gewaltigen Schrecken eingejagt hat.

Erstaunt waren wir, dass die Moorleiche heute in sehr gut
konservierter Form (Abb. 58 und 59) im Museum in Silkeborg
liegt, wohin wir am Ende dieses Tages unserer Zeitreise einen Abstecher machten. Wir hatten von seinem Gesichtsausdruck her den
Eindruck, dass der so genannte Tollund-Mann friedlich schläft.
Hat er seine Opferrolle vielleicht sogar als Ehrung empfunden?

https://upload.wikimedia.org/wikipedia/commons/d/d8/Tollund-manden_i_Silkeborgmuseet.JPG

https://upload.wikimedia.org/wikipedia/commons/thumb/4/44/Tollundmannen.jpg/1024px-Tollundmannen.jpg

Abbildungen 58 und 59: Der Tollund-Mann – eine Moorleiche. Ganzkörperansicht (oben) und Gesicht (unten).

Frage:

Der Tollund-Mann ist eine bekannte Moorleiche. Wie ist es möglich, dass der Körper so gut konserviert ist?

Antwort GPT-4:

Der Tollund-Mann ist eine Moorleiche, die in einem Moor in Dänemark gefunden wurde und außergewöhnlich gut erhalten ist. Die Konservierung des Körpers ist auf eine Kombination von Faktoren zurückzuführen:

1. *Saures Moorwasser: Moore sind von saurem Wasser geprägt, das einen niedrigen pH-Wert aufweist. Dieses saure Milieu wirkt als Konservierungsmittel und verzögert den Verwesungsprozess des Körpers.*
2. *Sauerstoffarme Umgebung: Im Moor gibt es wenig Sauerstoff, da das organische Material im Wasser abgebaut wird und den Sauerstoff verbraucht. Dadurch wird die Verwesung des Körpers gehemmt und die Konservierung verzögert.*
3. *Kälte: Die kühlen Temperaturen im Moor können ebenfalls zur Konservierung beitragen, indem sie den Verwesungsprozess verlangsamen.*
4. *Sedimentation: Wenn der Tollund-Mann im Moor sedimentiert wurde, wurde er von den sich ablagernden Moorablagerungen bedeckt, was zur Isolierung und Schutz des Körpers beitrug.*

This zusammen führten zur außergewöhnlichen Konservierung des Tollund-Manns und ermöglicht die Entdeckung eines gut erhaltenen Fundes, der wichtige Informationen über das Leben in der Vergangenheit liefert.

Frage:

Erläutern Sie bitte mit maximal 200 Wörtern, wie ein Moor entsteht.

Antwort GPT-4:

Ein Moor ist ein spezieller Typ von Feuchtgebiet, das sich über viele Jahrtausende hinweg durch die Akkumulation von abgestorbenem Pflanzenmaterial bildet. Hier ist eine kurze Erklärung, wie ein Moor entsteht:

1. *Vegetationswachstum: In einem Bereich mit reichlich Niederschlag und hoher Luftfeuchtigkeit beginnt das Wachstum von Pflanzen wie Torfmoosen und anderen Feuchtgebietspflanzen. Diese Pflanzen wachsen in der Regel in sauren Böden, die wenig Nährstoffe enthalten und oft von stehendem Wasser gesättigt sind.*

2. *Ansammlung von organischem Material: Die Pflanzen sterben ab und fallen in den Wasser- oder Sumpfboden. Das tote Pflanzenmaterial, das nicht vollständig verrottet, sammelt sich an und bildet eine organische Schicht, die Torf genannt WIRD. Im Lauf der Zeit sammelt sich immer mehr organisches Material und verdichtet sich langsam zu Torf.*

3. *Wassersättigung: Durch die Wassersättigung im Moor wird der Abbau von organischem Material durch Bakterien gehemmt, da der Sauerstoffmangel den Verwesungsprozess verzögert. Das abgestorbene Pflanzenmaterial wird daher nicht vollständig abgebaut, sondern bleibt im Moor erhalten und bildet eine Schicht aus Torf.*

4. *Fortschreitende Torfbildung: Im Laufe von Hunderten bis Tausenden von Jahren kann sich der Torf weiter akkumulieren und verdichten, wodurch ein Moor entsteht. Die Schicht aus Torf kann sich über die Zeit hinweg immer weiter nach oben aufbauen, während neue Pflanzen auf der Torfschicht wachsen und zur weiteren Torfbildung beitragen.*

Ein Moor ist auch das Ergebnis eines langen Prozesses der Akkumulation von abgestorbenem Pflanzenmaterial in einem feuchten, sauren Umfeld, das zur Bildung von Torf führt. Dieser Prozess kann sich über Jahrtausende hinwegbewegen und zur Entstehung ausgedehnter Moorlandschaften mit einzigartiger Flora und Fauna führen.

Frage:

Erläutern Sie bitte mit maximal 200 Wörtern, wieso man Moore trockengelegt hat und warum heute diskutiert wird, die trockengelegten Gegenden wieder zu bewässern?

<u>Antwort GPT-4:</u>

Moore wurden in der Vergangenheit oft trockengelegt, um Land für landwirtschaftliche Zwecke zu gewinnen oder Torf als Brennstoff oder für landwirtschaftliche Zwecke zu nutzen. Die Trockenlegung von Mooren erfolgte durch das Graben von Entwässerungsgräben oder die Anlage von Drainagesystemen, um das Wasser abzuleiten und das Moorland zu entwässern.

Es gibt jedoch zunehmend eine Diskussion darüber, die trockengelegten Moore wieder zu bewässern. Dies hat mehrere Gründe:

1. *Klimaschutz: Moore spielen eine wichtige Rolle im Klimaschutz, da sie große Mengen an Kohlenstoff speichern. Durch die Trockenlegung von Mooren wird der Abbau von organischem Material und damit die Freisetzung von Treibhausgasen, insbesondere von CO_2, beschleunigt. Durch die Wiederbewässerung von Mooren kann der Abbau von organischem Material verzögert werden, wodurch die Freisetzung von Treibhausgasen reduziert und zum Klimaschutz begünstigt wird.*

2. *Biodiversität: Moore sind ein einzigartiger Lebensraum mit einer spezialisierten Flora und Fauna. Die Trockenlegung von Mooren führt oft zu einem Verlust von Artenvielfalt, da viele Pflanzen und Tiere, die an feuchte Moorbedingungen angepasst sind, nicht mehr überleben können. Durch die Wiederbewässerung von Mooren können diese Lebensräume wiederhergestellt werden und zur Erhaltung der Biodiversität beitragen.*

3. *Wasserhaushalt: Moore spielen auch eine wichtige Rolle im Wasserhaushalt, da sie als Wasserspeicher fungieren und zur Regulierung von Wasserflüssen beitragen können. Die Trockenlegung von Mooren kann den Wasserhaushalt in der Umgebung verändern und zu Wasserknappheit oder Wasserverschmutzung führen. Die Wiederbewässerung von Mooren kann dazu beitragen, den Wasserhaushalt wiederherzustellen und ökologische Funktionen zu verbessern.*

Es gibt jedoch auch Herausforderungen bei der Wiederbewässerung von Mooren, wie zum Beispiel sterben mögliche schwere von landwirtschaftlichen Flächen oder anderen Nutzungen. Daher erfordert die Entscheidung, Moore wieder zu bewässern, eine häufige Abwägung der verschiedenen ökologischen, sozialen und wirtschaftlichen Aspekte.

Chat zu Kapitel 3.8: Gespräch über die
Bildung und Bedeutung von Mooren.

Unser KI-Reiseleiter sollte stärker betonen, dass Torf [53, 10] als organisches Material an der Luft einer stillen Verbrennung, d.h. einer langsamen Oxidation mit Sauerstoff aus der Luft, unterliegt, was zur Bildung von Kohlenstoffdioxid führt. Trockengelegte Moore sind folglich CO_2-Quellen, während intakte Moore CO_2-Senken sind [54, 10].

Übrigens wird auch Kohle (Kap. 3.2), die auf Halde liegt, also aus ihrem unterirdischen anaeroben Schutzraum entfernt wurde, und nicht verwendet wird, im Laufe der Zeit als Kohlenstoffdioxid in die Luft „verschwinden".

An dieser Stelle sei Peter Sloterdijk zitiert, der sich zu Kohle und Torf folgendermaßen äußert [55]: „Die moderne Menschheit ist ein Kollektiv von Brandstiftern, die an die unterirdischen Wälder und Moore Feuer legen."

3.9   Auf den Spuren von Cortéz, dem Killer

Wie wir auf unserer Zeitreise ins urzeitliche Australien (Kap. 3.4) festgestellt haben, waren die ersten Menschen, die sich dort ansiedelten, in Hinblick auf Fauna und Flora offensichtlich eine invasive Art. Sie hatten selbst keine Feinde und haben ansässige Lebewesen verdrängt, d.h. im Extremfall ausgerottet oder zumindest dazu beigetragen. Geschah etwas Ähnliches, als von Spanien aus Menschen nach Mittel- und Südamerika zogen?

Bei unserer Recherche stießen wir auf ein Lied von Neil Young mit dem Titel »Cortez the Killer« (Abb. 62). Warum der spanische Konquistador Hernán Cortéz (1485-1547) (Abb. 60) so bezeichnet wurde, ahnten wir schon, als wir uns nach Tenochtitlan, der Hauptstadt des Aztekenreiches, beamten: Cortéz, in Ritterrüstung, hoch zu Ross und mit versteinerter Miene, und seine Soldaten zogen als Eroberer – das ist wohl ein anderes Wort für eine *invasive Art* – über die Hauptstraße. Die Einwohner drängten sich verängstigt und nichts Gutes ahnend an den Straßenrand (Abb. 61).

https://commons.wikimedia.org/wiki/File:Retrato_de_Hern%C3%A1n_Cort%C3%A9s.jpg

https://cdn.politico.mx/uploads/images/2022/02/caida-tenochtitlan_621681f0cc2b8.jpg

https://www.google.com/search?q=Neil+Young:+Cortez+the+Killer+Youtube&rlz=1C1GCEA_enDE791DE791&oq=Neil+Young:+Cortez+the+Killer+Youtube&aqs=chrome..69i57.26720j0j15&sourceid=chrome&ie=UTF-8#fpstate=ive&vld=cid:04b2eb97,vid:XOfg6ZxM1Qc

Abbildungen 60, 61 und 62: Der spanische Konquistador Hernán Cortéz (oben), sein Einzug in Tenochtitlan (Mitte) sowie das Lied von Neil Young »Cortez the Killer« (unten).

Frage:

Wieso hat Neil Young einem seiner Songs den Titel »Cortez the Killer« gegeben?

Antwort GPT-4:

Neil Young, ein kanadisch-amerikanischer Singer-Songwriter und Musiker, hat einem seiner Songs den Titel „Cortez the Killer" gegeben, der auf seinem Album „Zuma" von 1975 veröffentlicht wurde. Der Song ist bekannt für seinen mystischen und epischen Charakter und wird oft als einer von Youngs jüngsten und bekanntesten Songs betrachtet.

Der Titel „Cortez the Killer" bezieht sich auf die historische Figur von Hernán Cortés, einem spanischen Eroberer und Konquistador, der im 16. Jahrhundert für die Eroberung des Aztekenreichs in Mexiko verantwortlich war. Cortés führte eine brutale Eroberungskampagne gegen die Azteken unter ihrem Herrscher Montezuma II., die zur Zerstörung des Aztekenreichs führte und als eine der blutigsten Eroberungen in der Geschichte gilt.

Es wird angenommen, dass Neil Young in dem Song „Cortez the Killer" die Geschichte der Eroberung durch Cortés aus der Sicht der indigenen Völker betrachtet und die Gewalt, das Leid und die Zerstörung thematisiert, die mit der Kolonialisierung einhergingen. Der Song enthält auch viele metaphorische und symbolische Elemente, die auf die Auswirkungen von Eroberung, Machtmissbrauch und Umweltzerstörung hinweisen.

Es ist wichtig zu beachten, dass Neil Young für seine sozialkritischen und politischen Lieder bekannt ist und oft aktuelle Themen und historische

> *Ereignisse in seiner Musik anspricht. Mit „Cortez the Killer" hat er mög-*
> *licherweise versucht, auf die dunkle Seite der Geschichte hinzuweisen und*
> *auf die negativen Folgen von Eroberung, Macht und Gewalt aufmerksam*
> *zu machen.*

Chat zu Kapitel 3.9: Gespräch über das invasiv-zerstörerische Verhalten der Europäer nach der Entdeckung von Amerika.

Das Lied von Neil Young ist gewiss ein guter Einstieg in ein besonders dunkles Kapitel der Geschichte der Menschheit, die auch an die biblischen Kriegs- und Eroberungsgeschichten aus Kapitel 1.2.5 anknüpft, bedarf aber weiterer Erläuterungen. Cortéz kam gewiss nicht mit Entdeckergeist und wissenschaftlichen Interesse nach Amerika, wie das später beispielsweise bei Alexander von Humboldt oder Charles Darwin der Fall war, sondern ihn trieb einzig und allein die Gier nach dem Gold der Azteken an. Dafür war er bereit, über Leichen zu gehen. Als etwas später der spanische Konquistador Francisco Pizarro (1478-1541) ins Inka-Reich eindrang, war es genauso. Bis zum Ende des 16ten Jahrhunderts verloren fast 90 % der Einwohner von Mittel- und Südamerika ihr Leben, durch Verfolgung und Ermordung einerseits, aber in noch stärkerem Maße durch Infektionskrankheiten (Pocken, Grippe, Masern, Cholera), welche die Europäer eingeschleppt hatten [56].

Dies hatte sogar eine Auswirkung auf das Klima. Aufgrund des dramatischen Bevölkerungsrückgangs lag viel Ackerland brach, welches sich der Urwald im folgenden halben Jahrhundert zurückholte. Aufgrund der verstärkten Fotosynthese-Leistung sank – durch Untersuchen von Eisbohrkernen bewiesen – der CO_2-Gehalt in der Atmosphäre etwas, was zu einer geringen, aber signifikanten Abkühlung der Erdatmosphäre führte [56]. Völkermord zur Abkühlung der Erde – sehr makaber!

3.10 Industrielle und Chemische Revolution und Modern Times

Die Dampfmaschine, 1769 patentiert von James Watt, hatte eine gewaltige Industrielle Revolution ausgelöst. (Sie war nämlich sehr viel effektiver als ein Leibeigener oder Sklave, den Aristoteles als ein „belebtes Werkzeug" und Peter Sloterdijk als die „erste

Kraftmaschine" bezeichnen [55].) Unsere Zeitmaschine brachte uns in eine Industriestadt zu Beginn des 19. Jahrhunderts (Abb. 63). Dort wurden riesige Mengen Kohle benötigt, um Dampfmaschinen anzutreiben und hohe Öfen anzufeuern, in denen Eisen produziert wurde. Überall qualmten Schlote, die Luft war erstickend, die Straßen und Gebäude vom Ruß bedeckt, und aus den Zechen, wo Kohle abgebaut wurde (deren Entstehung wir bei unserer Zeitreise ins Karbon studiert hatten; Kap. 3.2), kamen verschwitzte und kohleverschmierte Arbeiter total erschöpft heraus. Oft gab es Grubenunglücke, nicht selten mit Toten. Trotzdem erklang manchmal ein Lied „Glück auf" (Abb. 65). In Fertigungsbetrieben hatten es die Arbeiter kaum besser. Sie standen am Fließband und führten den ganzen Tag lang immer wieder denselben Handgriff aus, und das in einem höllischen Tempo (Abb. 64). Was war da los?

https://www.geschichte-abitur.de/wp-content/uploads/2021/02/industrialisierung.jpg

https://www.lehrerfreund.de/medien/_lf_artikel_bilder/charlie-chaplin-zahnraeder.jpg

https://www1.wdr.de/nachrichten/ruhrgebiet/steigerlied-ist-immaterielles-kulturerbe-100.html

Abbildungen 63, 64 und 65: Die Industrielle Revolution – rauchende Schlote (oben), Entfremdung des Menschen von seiner Arbeit (Mitte; Cover zum Chaplin-Film „Modern Times") und Helden des Bergbaus, gewürdigt mit dem Steigerlied (unten).

Die Plackerei, die wir bei unserem Praktikum in der altägyptischen Landwirtschaft erlebt hatten (Kap. 3.7), wurde hingegen abgemildert. Warum das so war, erfuhren wir in den Laboren und Vorlesungen von Justus von Liebig und Fritz Haber (Abb. 66 und 67).

https://upload.wikimedia.org/wikipedia/com-
mons/thumb/1/19/Justus_von_Liebigs_La-
bor%2C_1840.jpg/1024px-Justus_von_Liebigs_La-
bor%2C_1840.jpg

https://upload.wikimedia.org/wikipedia/com-
mons/thumb/9/97/Haber_Ammonia.JPG/1024px-Haber_Ammo-
nia.JPG

https://upload.wikimedia.org/wikipedia/com-
mons/thumb/1/1e/Ammoniak_Reaktor_BASF.jpg/255px-Am-
moniak_Reaktor_BASF.jpg

Abbildungen 66, 67 und 68: Chemie für die Landwirtschaft.
Im Labor von Justus von Liebig (oben), Ammoniak-Versuchs-
apparatur von Fritz Haber (Mitte) und ein Ammoniak-
Produktionsreaktor aus dem Jahr 1921 (unten).

Frage:
**Erläutern Sie bitte mit maximal 200 Wörtern, warum die Industrielle Re-
volution ein Segen und ein Fluch für die Menschheit gleichermaßen war.**

Antwort GPT-4:
Die Industrielle Revolution war ein Wendepunkt in der Geschichte der
Menschheit, der sowohl positive als auch negative Auswirkungen hatte.

Als Segen wird die Industrielle Revolution oft aufgrund der technolo-
gischen Fortschritte und des wirtschaftlichen Wohlstands betrachtet, sterben sie mit sich gebracht. Neue Maschinen und Produktionsmethoden führen zu einer erheblichen Steigerung der Produktivität, was zu einer
massiven Verbesserung des Lebensstandards für viele Menschen führte. Die
Verfügbarkeit von erwarteten Massenprodukten ermöglicht es einer breite-
ren Bevölkerung, Waren und Dienstleistungen zu nutzen, die zuvor nur
einer kleinen Elite vorbehalten waren. Die Industrielle Revolution trug
auch zur Entwicklung neuer Technologien, Infrastrukturen und Kommu-
nikationsmittel bei, die Gesellschaft in vielerlei Hinsicht voranbrachten.

Auf der anderen Seite hatte die Industrielle Revolution auch negative
Auswirkungen. Die rapide Industrialisierung führte zu Umweltverschmutzung, Ressourcenausbeutung und negativen Auswirkungen auf die Umwelt und die Gesundheit der Menschen. Arbeitsbedingungen waren oft ge-
fährlich und menschenunwürdig, und viele Arbeiterinnen und Arbeiter
mussten in überfüllten, schlechten Wohnverhältnissen leben. Soziale Un-

gleichheit und Ausbeutung waren weit verbreitet. Traditionelle Arbeitsweisen und Gemeinschaften wurden durch die Industrialisierung oft destabilisiert oder sogar zerstört.

Insgesamt war die Industrielle Revolution ein Segen, da sie zu erheblichem wirtschaftlichem Wohlstand und technologischem Fortschritt führte. Gleichzeitig war sie ein Fluch, da sie auch zu sozialen und ökologischen Herausforderungen geführt wird. Es ist wichtig, die Auswirkungen der industriellen Revolution sowohl positiv als auch negativ zu betrachten und die Lehren aus ihr zu ziehen, um eine nachhaltige und gerechtere Entwicklung in der Zukunft zu fördern.

Frage:
Welche Bedeutung hat das »Steigerlied«?

Antwort GPT-4:
Das „Steigerlied" ist ein bekanntes deutsches Bergmannslied, das eine hohe symbolische Bedeutung für die Bergbaukultur und die Geschichte des Bergbaus hat. Es wurde von Bergleuten während der Blütezeit des Bergbaus im 19. Jahrhundert als eine Art Hymne gesungen und wird auch heute noch oft bei Veranstaltungen im Zusammenhang mit dem Bergbau gespielt oder gesungen.

Das „Steigerlied" erzählt von der harten Arbeit der Bergleute unter Tagen und drückt ihren Stolz auf ihre Arbeit und ihren Zusammenhalt aus. Es ist genauer die Herausforderungen und Risiken des Bergbaus, aber auch die Kameradschaft und Solidarität unter den Bergleuten. Das Lied vermittelt oft eine romantisierte Vorstellung von der Bergmannsarbeit und wird oft als Symbol für den Zusammenhalt und die Gemeinschaft der Bergleute betrachtet.

Das „Steigerlied" hat eine kulturelle Bedeutung als Teil des bergmännischen Erbes und als Symbol für die Geschichte und die Werte des Bergbaus. Es wird oft bei Veranstaltungen wie Bergmannsfesten, Gedenkfeiern oder Bergmannsvereinigungen gesungen und dient als Ausdruck von Identität, Gemeinschaft und Stolz für Betroffene, die im Bergbau tätig waren oder mit ihm verbunden sind.

Frage:
Erläutern Sie bitte mit maximal 200 Wörtern, wieso die Arbeiten von Justus von Liebig und von Fritz Haber für die Landwirtschaft von großer Bedeutung waren.

Antwort GPT-4:

Die Arbeiten von Justus von Liebig und Fritz Haber waren für die Landwirtschaft von großer Bedeutung, weil sie wichtige Fortschritte in der Agrarwissenschaft und -technologie ermöglichten, die landwirtschaftliche Produktion revolutionierten.

Justus von Liebig, ein deutscher Chemiker, gilt als einer der Begründer der modernen Agrarwissenschaft. Er führte in den 1840er Jahren die Theorie der pflanzlichen Ernährung und betonte die Bedeutung von Nährstoffen für das Pflanzenwachstum. Liebig erkannte, dass für ihr Wachstum bestimmte essentielle Nährstoffe wie Stickstoff, Phosphor und Kalium erforderlich sind, und erwartete Düngemittel, die diese Nährstoffe bekannten. Seine Arbeiten führen zu einer verbesserten Düngemittelanwendung in der Landwirtschaft, was zu höheren Erträgen und einer nachhaltigeren landwirtschaftlichen Produktion führte.

Fritz Haber, ebenfalls ein deutscher Chemiker, war bekannt für seine Arbeiten zur Synthese von Ammoniak durch den Haber-Bosch-Prozess. Dieser Prozess ermöglicht die großindustrielle Herstellung von Ammoniak, das als Grundstoff für die Herstellung von Stickstoffdüngemitteln verwendet wird. Die Haber-Bosch-Methode ermöglicht es, Stickstoff aus der Luft zu fixieren und in eine für Pflanzen verfügbare Form zu bringen, was zu einer erheblichen Steigerung der landwirtschaftlichen Erträge beitrug.

Die Arbeiten von Liebig und Haber waren daher wegweisend für die Entwicklung moderner landwirtschaftlicher Praktiken, die auf der Verwendung von Düngemitteln und der Bereitstellung essentieller Nährstoffe für Pflanzen beruhen. Diese Fortschritte haben zu einer erheblichen Steigerung der landwirtschaftlichen Produktivität und Erträge begonnen und sind bis heute von großer Bedeutung für die globale Nahrungsmittelproduktion und die Ernährungssicherheit.

Chat zu Kapitel 3.10: Gespräch über die
Industrielle und Chemische Revolution.

ChatGPT-4 hat vergessen zu sagen, dass die Industrielle Revolution im Wesentlichen mit Energie aus der Kohleverbrennung angetrieben wurde und dass damit der Anstieg der CO_2-Konzentration in der Atmosphäre begann. (Dies wurde mit der Radiocarbonmethode bestätigt, denn der Anteil an $^{12}CO_2$ stieg, weil in der sehr alten Kohle kaum noch ^{14}C vorhanden war.) War die Industrielle Revolution also der Wegbereiter für eine Klima-Apokalypse? Diese Frage muss ernstgenommen werden.

Das psychologische Problem der Entfremdung der Menschen von ihrer Arbeit, insbesondere am Fließband, wurde wohl nirgends so genial dargestellt wie in dem Film »Modern Times« von Charles Chaplin. Schon das Cover des Films (Abb. 64) sagt alles: Der einzelne Mensch ist in der hochgradig arbeitsteiligen industriellen Massenproduktion nur noch ein winziges Rad in einem riesigen Getriebe. Ein die Fabrik verlassendes Endprodukt sieht er nicht.

Die Antwort von ChatGPT-4 zu den Arbeiten von Justus von Liebig und Fritz Haber enthält zu viele Redundanzen. Es wäre wünschenswert gewesen, wenn von Liebigs Erkenntnissen zumindest das „Gesetz vom Minimum" und das „Gesetz vom abnehmenden Ertragszuwachs" zitiert und zu Habers Arbeiten die Reaktionsgleichung der Ammoniaksynthese aufgestellt und erklärt worden wäre, wo reiner Stickstoff und Wasserstoff überhaupt herkommen. (Konkret danach gefragt, gab der Bot allerdings die richtigen Antworten.) Genau hier liegt nämlich die Brücke zum Thema Nachhaltigkeit. Die Überdüngung von Ackerland nach dem Motto „viel hilft viel" ist ein riesiges Problem. Zuviel eingesetzter Dünger wird vom Regen ausgewaschen und führt zur Kontamination des Grundwassers und/oder zur Eutrophierung von Gewässern. Darüber hinaus hat der bislang für die Ammoniaksynthese verwendet „graue" Wasserstoff einen immensen ökologischen Fußabdruck, weil er aus Wasser und Kohle (Kohlevergasung) oder aus Wasser und Methan (Steam-Reforming) hergestellt wird, wobei als Nebenprodukt das Treibhausgas Kohlenstoffdioxid freigesetzt wird. Hier muss auf „grünen" Wasserstoff umgestellt werden, der aus der Elektrolyse von Wasser kommt, die mit elektrischem Strom aus regenerativen Quellen (Sonne, Wind, Wasserkraft) betrieben wird.

Gewiss haben die auf den Arbeiten von Liebig und Haber basierenden Kunstdünger eine großindustrielle Landwirtschaft erst ermöglicht und einen erheblichen Beitrag zur Sicherung der Ernährung der Weltbevölkerung geleistet. Ob aus ökologischen Gründen in Zukunft auf Kunstdünger verzichtet werden kann, ist umstritten, sollte aber angestrebt werden. Die Stickstoff-Fixierung aus der Luft, geht nämlich auch mit Leguninosen (Bohnen, Erbsen, Klee), die in Symbiose mit Knöllchenbakterien Stickstoff aus der Luft mit biochemischem Wasserstoff, der aus der Fotosynthese kommt, zu Ammoniak reduzieren. Diese Pflanzen werden als

*sogenannte Zwischenfrüchte z.B. zwischen zwei Getreideanbau-
perioden kultiviert und geben dem Boden die Mineralien, welche
die Getreidepflanzen brauchen.*

3.11 Im Jahr ohne Sommer –
Das Geschöpf des Viktor Frankenstein

An den rußgeschwärzten Himmel hatten wir uns bei einem Abstecher in die Anfänge der Industriellen Revolution (Kap. 3.10) fast
gewöhnt, aber als wir uns in den Sommer des Jahres 1816 beamten, erlebten wir einen signifikant anderen dunklen Himmel, dau-
erhaft. Außerdem hat es viel mehr und heftiger als früher gereg-
net, es war 2-3 Grad kälter als sonst und gab sogar manchmal
Nachtfrost, was zu Ernteeinbußen und Hungersnöten führte. Und
das nicht nur in den Industriehochburgen, sondern in ganz Nordost-Amerika und im Westen und Süden Europas, wovon wir uns
mit Hilfe unserer Zeitmaschine überzeugten.

So auch am an sich schönen Genfer See, wo wir die britische
Schriftstellerin Mary Shelley trafen, die uns sagte, dass sie dieses
Jahr ohne Sommer so deprimiere, dass sie beschlossen habe, einen
Schauerroman (Abb. 69) zu schreiben. Wir wurden neugierig –
auf das Buch und woher dieser plötzliche Wetterumschwung, der
schon wie der Vorbote eines apokalyptischen Klimawandels
wirkte, überhaupt kam.

https://upload.wikimedia.org/wikipedia/com-
mons/thumb/b/bc/Frankenstein.1831.inside-cover.jpg/330px-
Frankenstein.1831.inside-cover.jpg

Abbildung 69: Cover des Buches von Mary Shelly
»Frankenstein oder Der moderne Prometheus«,
Ausgabe von 1831.

Frage:

Das Jahr 1816 gilt als das „Jahr ohne Sommer". Wieso? Können Sie einen Zusammenhang zwischen dem „Jahr ohne Sommer" und der Idee, den Klimawandel durch Geoengineering zu stoppen, herstellen?

Antwort GPT-4:

Das Jahr 1816 wird oft als das „Jahr ohne Sommer" bezeichnet, weil es weltweit zu ungewöhnlich kühlen Temperaturen und schlechtem Wetter kam. Der Grund für den Krieg des massiven Ausbruchs des Vulkans Tambora in Indonesien im Jahr 1815, einer der starken Vulkanausbrüche der letzten Jahrhunderte. Der Ausstoß von Vulkanasche und Schwefeldioxid in der Atmosphäre folgte zu einer globalen Abkühlung, da diese Partikel Sonnenlicht reflektierten und die Erde weniger erreichten, was zu den ungewöhnlich kühlen Temperaturen angezeigt wurde.

Es is Eine gewisse Verbindung zwischen dem „Jahr ohne Sommer" und der Idee des Geoengineerings zur Bekämpfung des Klimawandels. Geoengineering bezieht sich auf absichtliche menschliche Eingriffe in das Klimasystem der Erde, um den Klimawandel abzuschwächen oder umzukehren. Eine Form des Geoengineerings, die in Diskussion ist, ist die sogenannte „Solar Radiation Management" (SRM), bei der versucht WIRD, Sonnenlicht zu reflektieren oder einzufangen, um die globale Erwärmung zu reduzieren.

Der Ausbruch des Vulkans Tambora im Jahr 1815 folgte zu einer vorübergehenden globalen Abkühlung durch die Freisetzung von Partikeln in der Atmosphäre, die das Sonnenlicht reflektierten. Dieser Vorfall WIRD oft als natürliches Beispiel für die potenzielle Wirkung von SRM-Maßnahmen zitiert, bei denen Partikel in der Atmosphäre freigesetzt werden könnten, um die Sonneneinstrahlung zu reduzieren und die Erwärmung der Erde abzumildern.

Es ist jedoch wichtig zu beachten, dass Geoengineering-Konzepte einschließlich SRM, Kontroversen und sowohl Risiken als auch Unsicherheiten mit sich bringen. Es gibt viele ethische, politische, wissenschaftliche und technische Fragen im Zusammenhang mit Geoengineering, und es WIRD weiterhin intensiv diskutiert und untersucht, um die potenziellen Auswirkungen und Risiken besser zu verstehen, bevor solche Maßnahmen in Betracht gezogen werden.

Frage:

In Mary Shelly's Buch »Frankenstein oder Der moderne Prometheus« von 1818 erschafft Viktor Frankenstein einen neuen Menschen aus Leichenteilen. Erläutern Sie bitte mit maximal 200 Wörtern, welche Möglichkeiten der Mediziner heute hätte.

Antwort GPT-4:

Im Buch „Frankenstein oder Der moderne Prometheus" von Mary Shelley, das 1818 veröffentlicht wurde, erschafft Viktor Frankenstein einen künstlichen Menschen aus Leichenteilen. Heutzutage gibt es in der medizinischen Wissenschaft zahlreiche Fortschritte und Technologien, die es Medizinern ermöglichen, in Bereichen des menschlichen Körpers und der Gesundheit Interventionen ergriffen.

Einige der Möglichkeiten, die Mediziner heute haben, umfassen fortschrittliche chirurgische Techniken wie Organtransplantationen, Gesichtstransplantationen, minimalinvasive Eingriffe, robotergestützte Chirurgie und Stammzelltransplantationen. Es gibt auch Fortschritte in der Gentechnik und Genomsequenzierung, die es Medizinern ermöglichen, genetische Erkrankungen besser zu verstehen und zu behandeln, sowie personalisierte Medizinansätze zu entwickeln.

In der Bildgebung gibt es ein fortschrittliches Verfahren wie Magnetresonanztomographie (MRT), Computertomographie (CT) und Positronen-Emissions-Tomographie (PET), die es Ärzten ermöglicht, detaillierte Bilder von Organen und Geweben zu erhalten und Krankheiten zu erkennen. Die Telemedizin ermöglicht es Medizinern auch, Fernberatung und Fernbehandlung für Patienten in abgelegenen oder mit begrenztem Zugang zur medizinischen Versorgung anzubieten.

Es ist jedoch wichtig zu beachten, dass medizinische Interventionen ethische, rechtliche und soziale Fragen aufwerfen und immer im Einklang mit medizinischen Standards, ethischen Richtlinien und dem Wohl der Patienten erfolgen sollten. Mediziner stehen vor der Herausforderung, die neuesten medizinischen Fortschritte und Technologien verantwortungsvoll einzusetzen, um die bestmögliche Patientenversorgung zu gewährleisten.

Chat zu Kapitel 3.11: Gespräch über das „Jahr ohne Sommer", Frankensteins Geschöpf, Gentechnik und Geoengineering.

Bei den Antworten von ChatGPT-4 müssen die physikalisch-chemischen Zusammenhänge zwischen dem Ausbruch des indonesischen Vulkans Tambora im April 1815 und der Klimaveränderung in einem ganz anderen Teil der Welt, die bis 1819 dauerte und 1816 ihren Höhepunkt hatte, präzisiert werden [57]. Die riesigen Mengen Asche und Schwefeldioxid (ca. 130 Megatonnen), die der Vulkan in große Höhen schleuderte, verteilten sich mit den Luftströmungen im Laufe eines Jahres bis nach Nordost-Amerika und in den Westen und Süden Europas. (In Indonesien kamen ca. 70.000 Menschen uns Leben.) Die feinteilige Asche führte – ähnlich wie Ruß aus der Kohleverbrennung – zu Lichtstreuung und -reflexion, wodurch die Abkühlung der Atmosphäre verständlich wird. Außerdem wirkten die winzigen Feststoffteilchen zusammen mit den Schwefelsäure-Aerosolen, die aus dem vom Vulkan emittierten Schwefeldioxid und dem Sauerstoff sowie Wasser in der Luft gebildet wurden, als Kondensationskeime für Luftfeuchtigkeit, was zu verstärktem Regen und Schnee führte.

Heute sind diese Zusammenhänge bekannt und haben zu der Überlegung geführt, gezielt Nano- und Mikropartikel oder Schwefelsäure-Aerosole von Flugzeugen aus in die Atmosphäre einzubringen, um durch die resultierende Wolkenbildung die Sonneneinstrahlung auf die Erdoberfläche zu vermindern und Regen auszulösen, also einen künstlichen Kühleffekt herbeizuführen und der Erderwärmung auf dieses Weise entgegenzuwirken [58]. ChatGPT-4 sagt sehr richtig, dass dies auf große Vorbehalte stößt.

Mary Shelley's 1818 erschienenes Werk ist aus der apokalyptische Stimmung im „Jahr ohne Sommer" heraus entstanden, ist aber mehr als ein Horrorroman. Der Chatbot hat den philosophischen Hintergrund allerdings nicht erkannt. Es geht um die uralte Allmachtphantasie der Menschen, den Tod zu überwinden. (Vgl. hierzu die von Mose vertretene Gegenposition „Lehre uns bedenken, dass wir sterben müssen, auf dass wir klug werden", die wir im Kapitel 1.3.3, besprochen haben.) Der Mediziner Dr. Viktor Frankenstein ist von dieser Idee besessen, und es gelingt ihm tatsächlich, einen aus Leichenteilen zusammengeflickten Körper durch einen Elektroschock zum Leben zu erwecken. Frankensteins Geschöpf hat einen grundsätzlich freundlichen Charakter, wird aber wegen seines durch die vielen Nahtstellen hässlichen Aussehens von den Menschen gemieden. Aus Enttäuschung nimmt es blutige Rache, sodass Frankenstein nichts andres übrigbleibt, als sein „Kind" umzubringen. (Siehe den Trailer zur Verfilmung des Romans [59].)

Bei einer Übertragung der Frankenstein-Geschichte in die heutige Zeit stellt sich die Frage, ob sich Menschen gentechnisch

*„designen" und mit allen möglichen medizinisch-technischen Me-
thoden – von denen ChatGPT-4 einige nennt, aber eher im Zusammenhang mit moderner medizinischer Patientenbehandlung –
und künstlicher Intelligenz „upgraden" lassen. Wir würden uns
zwar sehr freuen, wenn die Gentechnik (z.B. CRISPR Cas) und
künstliche Intelligenz uns Menschen dabei helfen, den Klimawandel oder das Artensterben zu stoppen etc., aber mit dem „Designen" und „Upgraden" des Menschen wäre der Weg in den
Transhumanismus [60] bereitet, was ethisch höchst bedenklich
wäre. (Vgl. [61].)*

3.12   Earth Rise und Blue Marble –
Der Mensch verlässt die Erde

Die letzte Etappe unsere Zeitreise sollte uns an einen ganz besonderen Ort führen, und zwar auf den Mond. Gebeamt ins Jahr 1968
umrundeten wir mit Apollo 8 den Erdtrabanten, und gebeamt ins
Jahr 1972 landeten wir dort sogar mit Apollo 17 und betraten ihn.
Die Crew-Mitglieder schossen Fotos, weniger vom Mond, als
vielmehr von der Erde (Abb. 70 und 71), die weltberühmt werden
sollten.

https://upload.wikimedia.org/wikipedia/com-
mons/thumb/d/dc/AS8-13-2329.jpg/800px-AS8-13-2329.jpg

https://upload.wikimedia.org/wikipedia/com-
mons/thumb/9/97/The_Earth_seen_from_Apollo_17.jpg/465px-
The_Earth_seen_from_Apollo_17.jpg

Abbildungen 70 und 71: „Earth Rise" (oben, aufgenommen
von Apollo 8 am 24.12.1968) und „Blue Marble" (unten,
aufgenommen von Apollo 17 am 7.12.1972).

<u>Frage</u>:
Erläutern Sie bitte mit maximal 200 Wörtern die besondere Bedeutung der Fotos „Earth Rise" und „Blue Marble", die von den Apollo-Missionen 8 und 17 aufgenommen wurden.

<u>Antwort GPT-4</u>:
Die Fotos „Earth Rise" und „Blue Marble", aufgenommen von den Apollo-Missionen 8 und 17, haben eine besondere Bedeutung in der Geschichte der Raumfahrt und der Umweltbewegung.

„Earth Rise" wurde am 24. Dezember 1968 während der Apollo-8-Mission aufgenommen und zeigt erstmals die Erde aus dem Weltraum, wie sie über dem Horizont des Mondes aufgeht. Dieses Bild vermittelte den Astronauten und der Weltöffentlichkeit einen neuen Blick auf unseren Planeten als eine fragile, schöne und einzigartige Kugel im endlosen Weltraum. Es wurde zu einem Symbol für die Verletzlichkeit der Erde und für den Schutz unseres Heimatplaneten.

„Blue Marble" wurde am 7. Dezember 1972 während der Apollo-17-Mission aufgenommen und zeigt die Erde vollständig beleuchtet aus einer Entfernung von etwa 45.000 Kilometern. Dieses ikonische Bild zeigt die Erde als Eine blau schimmernde Kugel, die von den Tiefen des Alls aus betrachtet WIRD. Es vermittelt ein starkes Bewusstsein für die Begrenztheit und Einzigartigkeit unseres Planeten und hat das Umweltbewusstsein und die Umweltbewegung weltweit beeinflusst.

Diese beiden Fotos haben dazu beigetragen, das Bewusstsein für die Notwendigkeit des Umweltschutzes und des nachhaltigen Umgangs mit unserer Erde zu schärfen. Sie haben uns gezeigt, wie kostbar und verletzlich unser Planet ist und wie wichtig es ist, ihn zu schützen und zu erhalten, damit weitere Generationen von ihm profitieren können.

Chat zu Kapitel 3.12: Gespräch über die Einzigartigkeit, Schönheit und Zerbrechlichkeit der Erde.

Die Antwort von ChatGPT-4 ist perfekt. Die Einzigartigkeit, Schönheit und Verletzlichkeit unseres Planeten wird uns besonders bewusst, wenn wir ihn aus der Distanz betrachten. Astronauten im All sagen häufig, dass sie sich auf die Erde zurücksehnen. Ein Sprichwort lautet, dass man etwas erst dann wirklich zu schätzen weiß, wenn man es verliert. Das verpflichtet uns dazu, unsere Erde zu beschützen und zu bewahren und die 17 Nachhaltigkeitsziele der Agenda 2030 der Vereinten Nationen [1] möglichst rasch zu erreichen.

3.13 Evaluation der fiktiven Zeitreise

Die Zeitreise hat sich gelohnt, denn wir können nun einige, aber natürlich bei Weitem nicht alle Aspekte der globalen Metakrise und der Nachhaltigkeitsziele der Agenda 2030 besser verstehen:

- Die Verbrennung fossiler Rohstoffe ist die bedeutendste CO_2-Quelle und damit der Hauptverursacher der Erderwärmung. Kohle muss unter der Erde bleiben. Trockengelegte Moore müssen wieder bewässert werden, denn dann sind sie effektive CO_2-Senken.
- Ökosysteme verändern sich auf natürliche Weise, z.B. durch einen Meteoriteneinschlag oder Vulkanausbruch, und/oder durch menschliche Aktivitäten, wobei sich der Mensch nicht selten als eine besonders invasive Art erweist.
- Menschen sind anpassungsfähig, was besonders die Eiszeit gezeigt hat.
- Indigene Bevölkerungsgruppen leben weitgehend im Einklang mit ihrer natürlichen Umgebung. Es ist ihr Menschenrecht, dass sie ihren Lebensstil selbstbestimmt leben dürfen.
- Die Industrielle Revolution, an der die Chemie einen erheblichen Anteil hatte, erwies sich als Segen und Fluch zugleich. Sie führte zu Wohlstand einerseits, aber auch zu einer rasanten Erderwärmung und Umweltverschmutzung, die es auf diese Weise in der Geschichte der Erde noch nicht gegeben hat.
- Gentechnik und künstliche Intelligenz werden bei der Erreichung der Nachhaltigkeitsziele der Agenda 2030 eine große Rolle spielen, dürfen aber nicht dazu führen, dass Menschen „designt" oder „upgegradet" werden.
- Unsere Erde ist einzigartig und schön, aber auch fragil und deshalb schützenswert.

Den Leserinnen und Lesern unseres Reiseberichtes sei es empfohlen, ähnliche Expeditionen durchzuführen.

Unserem Roboter, der mit seiner künstlichen Intelligenz als Reisführer fungierte, sei herzlich gedankt. Die fiktive Zeitreise war zugleich ein fachdidaktisches Experiment, um zu prüfen, wie künstliche Intelligenz im Unterricht über Ökologie und Nachhaltigkeit (in der gymnasialen Oberstufe oder Anfangsphase eines

Studiums) eingesetzt werden kann. (Vgl. den Bericht »Jede Lehrkraft muss sich mit ChatGPT befassen« über einen Unterricht, in dem Schülerinnen und Schüler ein von dem Chatbot geschriebenes Theaterstück proben [62].)

Die *Gesamtleistung* von ChatGPT-4 möchten wir mit „*gut (−)*" bewerten, seine reinen *Fachkenntnisse* mit „*gut (+)*".

Einige seiner Antworten waren exzellent, z.B. die zur Bedeutung der Fotos „Rising Earth" und „Blue Marble" (Chat 3.12) oder zum „Steigerlied" (Chat 3.10) Andere fanden wir sehr gut, z.B. die Erklärungen zur Radiocarbonmethode und Analyse von Eisbohrkernen (Chat 3.1), zur Entstehung von Kohle (Chat 3.2), zur Renaturierung von Mooren und zum Tollund-Mann (Chat 3.8) sowie die Interpretation des Liedes »Cortez the Killer« (Chat 3.9). Bei einigen Antworten fehlten uns Fakten, z.B. Klimadaten in der Kreidezeit (Chat 3.3) oder zu den Arbeiten von Liebig und Haber (Chat 3.10). (Beim detaillierten Nachfragen erhielten wir aber korrekte Antworten.) Schwammig fanden wir die Erklärung zum Golfstrom (Chat 3.5). Den tieferen Sinn der Behauptung von Harari, dass der Weizen die Menschen domestiziert habe und nicht umgekehrt (Chat 3.6), hat ChatGPT-4 nicht erkannt und auch die philosophische Tiefe des Frankenstein-Romans (Chat 3.11) nicht durchdrungen; künstliche Intelligenz kann eben nicht *denken*; das müssen wir schon selber tun [63].

Die Eloquenz unseres Reiseleiters haben wir geschätzt. Die deutsche Sprache beherrscht er fast sehr gut; seltene grammatikalische Fehler sind vermutlich auf Übersetzungsprobleme zurückzuführen, worauf gelegentlich englische Wörter im Text, z.B. „can" oder „this" im Chat 3.6 bzw. 3.8, hinweisen. Hier kann man zur Entschuldigung des Chatbots anmerken, dass wir vermutlich die erste deutsche Reisegruppe waren, die er begleitet hat, sodass ihm noch ein wenig Deutsch-Übung fehlte. ChatGPT-4 hat die Tendenz, etwas zu ausschweifend zu antworten und neigt dann zu Redundanzen. Er beginnt in der Regel mit der Wiederholung der Frage, schließt mit deren Aufgreifen und ergänzt häufig, dass der entsprechende Sachverhalt kontrovers diskutiert werde und weitere Forschung nötig sei, was mehr oder weniger Bla Bla oder – um den von Theodor W. Adorno geprägten Begriff zu benutzen – Halbwissen [63] ist. Für einen lockeren Chat ist dies akzeptabel, für ein wissenschaftliches Gespräch muss der Bot hingegen noch lernen, sich kürzer und präziser zu fassen. Vielleicht sollte man ihm einfach nur kürzere Antworten vorschreiben.

Unsere Fragen hätten sich durch eine zeitaufwändigere Recherche allein schon bei Wikipedia mit mehr fachlichem Tiefgang beantworten lassen. (Deshalb befinden sich im Literaturverzeichnis hauptsächlich Wikipedia-Referenz zu den Themen unserer Zeitreise.) Wir ziehen daher aus unseren Gesprächen mit dem Chatbot den Schluss, dass wir seine Aussagen grundsätzlich genau überprüfen müssen und ihm keineswegs blind vertrauen dürfen, sie also ähnlich behandeln sollten wie Daten, die wir aus naturwissenschaftlichen Experimenten erhalten haben: prüfen, wiederholen, falsifizieren. Als Gesprächspartner für eine Erstinformation ist der Bot prima; durch den kritischen Dialog lernen wir seine Stärken und Schwächen kennen und fördern unsere eigenen Kompetenzen. *Vielleicht ist es sogar am wichtigsten, dass wir durch die Kommunikation mit künstlicher Intelligenz Denkanstöße erhalten, auf eigene Ideen kommen und kreativer werden.*

An dieser Stelle sind aber noch Bedenken aus einer ganz anderen Richtung anzumelden. Wie gesagt gehen wir zwar davon aus, dass künstliche Intelligenz helfen kann, die großen ökologischen Probleme zu lösen; wir dürfen aber nicht vergessen, dass die Rechenzentren, die hinter ihr stehen, gewaltige Energiemengen verschlingen [64]. Das Internet – wovon die künstliche Intelligenz ein Teil ist – ist heute für ca. 4 % aller Treibhausgasemissionen zuständig, während der globale Flugverkehr „nur" 3,5 % verursacht. Es wird geschätzt, dass die vom Internet verursachten Treibhausgase schon bis 2025 auf 8 % anwachsen, insbesondere durch die immer besser werdende, aber auch sehr energieintensive künstliche Intelligenz. Wir müssen also fein aufpassen, dass die Digitalisierung nicht zu einem fatalen Rebound-Effekt führt.

Wenn wir manchmal das Gefühl haben, dass der Chatbot viel mehr weiß als wir, sollten wir keine Minderwertigkeitskomplexe bekommen, sondern selbstbewusst sagen, dass er kein Mensch ist und überhaupt nicht versteht, warum wir uns um ein nachhaltiges Leben in der Zukunft Sorgen machen.

4 Geschichten zum Schluss

Anstelle einer Zusammenfassung des bisher Gesagten sollen zum Schluss dieses Buches fünf Geschichten für Kinder und Erwachsene erzählt werden, die zu Herzen gehen und nachdenklich stimmen. Sie behandeln die erstaunliche Artenvielfalt auf dieser Welt, die Einzigartigkeit jedes Lebewesens, den unbedingten Lebenswillen, das Prinzip Verantwortung und die Einstellung, einfach sein Bestes zu tun.

4.1 Vom kleinen Maulwurf, der wissen wollte, wer ihm auf den Kopf gemacht hat

Ein wunderbares Kinderbuch von Werner Holzwarth und Wolf Erlbruch [65]. Ein kleiner Maulwurf wühlt sich an die Erdoberfläche; da macht es plumps … die Ausscheidung eines Tieres landet auf seinem Kopf (Abb. 72). Der kleine Maulwurf ist beleidigt und will wissen, wer so unverschämt war und ihm auf den Kopf gesch….. hat. Also befragt er die Tiere auf der Wiese. Eins nach dem anderen weist die Schuld von sich, indem es dem Maulwurf seine hochspezifische Ausscheidung demonstriert …

Es bleibt viel Spaß und die Erkenntnis, dass jedes Tier einzigartig und die Vielfalt des Lebens einfach wunderbar und deshalb schützenswert ist.

https://www.buecher.de/shop/jugendbuecher/vom-kleinen-maul-
wurf-der-wissen-wollte-wer-ihm-auf-den-kopf-gemacht-hat-
mini-ausgabe/holzwarth-wernererlbruch-wolf/products_pro-
ducts/detail/prod_id/07145532/

Abbildung 72: Cover von »Vom kleinen Maulwurf, der wissen wollte, wer ihm auf den Kopf gemacht hat« [65]. Über den Hyperlink ist eine Leseprobe mit einigen Bildern zugänglich.

4.2   Das Konzept individueller Unterschiede

Von Josef Beuys stammt der Ausspruch, dass jeder Mensch ein Künstler sei. Vielleicht sollte man den Satz verallgemeinern und gleichzeitig verstärken zu: *„Jedes Lebewesen ist genial."* (Zur Erinnerung: In Genesis 1 heißt es, dass alles gut war; Kap. 1.1.)

Hochwertige Bildung ist eines der 17 Nachhaltigkeitsziele der Agenda 2023 der UN. In einem Bildungssystem sollte deshalb jeder Mensch gemäß seinen spezifischen Fähigkeiten optimal gefördert werden. Doch in Kindergärten, Schulen und Hochschulen wird das Konzept individueller Unterschiede in der Regel viel zu wenig beachtet. Dies verdeutlicht die folgende Geschichte (Abb. 73). Wie schon die Geschichte vom kleinen Maulwurf (Kap. 4.1) betont auch sie die Einzigartigkeit aller Lebewesen. Ein jegliches davon ist mit typischen Eigenschaften ausgestattet, um in seinem Biotop optimal überleben zu können. Dies verdient unbedingten Respekt und muss geschützt werden.

Das Konzept individueller Unterschiede

Es gab einmal eine Zeit, da hatten die Tiere eine Schule. Das Curriculum bestand aus Rennen, Klettern, Fliegen und Schwimmen, und alle Tiere wurden in allen Fächern unterrichtet.

Die Ente war gut im Schwimmen; besser sogar als der Lehrer. Im Fliegen war sie durchschnittlich, aber im Rennen war sie ein besonders hoffnungsloser Fall. Da sie in diesem Fach so schlechte Noten hatte, musste sie nachsitzen und den Schwimmunterricht ausfallen lassen, um das Rennen zu üben. Das tat sie so lange, bis sie auch im Schwimmen nur noch durchschnittlich war. Durchschnittliche Noten waren aber akzeptabel, darum machte sich niemand Gedanken darum, außer die Ente.

> *Der Adler wurde als Problemschüler angesehen und unnachsichtig und streng gemaßregelt, da er, obwohl er in der Kletterklasse alle anderen darin schlug, darauf bestand, seine eigene Methode anzuwenden.*
>
> *Das Kaninchen war anfänglich im Laufen an der Spitze der Klasse, aber es bekam einen Nervenzusammenbruch und musste von der Schule abgehen wegen des vielen Nachhilfeunterrichts im Schwimmen.*
>
> *Das Eichhörnchen war Klassenbester im Klettern, aber sein Fluglehrer ließ ihn seine Flugstunden am Boden beginnen, anstatt vom Baumwipfel herunter. Es bekam Muskelkater durch Überanstrengung bei den Startübungen und immer mehr „Dreien" im Klettern und „Fünfen" im Rennen.*
>
> *Die mit Sinn fürs Praktische begabten Präriehunde gaben ihre Jungen zum Dachs in die Lehre, als die Schulbehörde es ablehnte, Buddeln in das Curriculum aufzunehmen.*
>
> *Am Ende des Jahres hielt ein anormaler Aal, der gut schwimmen und etwas rennen, klettern und fliegen konnte, als Schulbester die Schlussansprache.*
>
> *https://www.annefrankbotschafterinnen.de/fileadmin/user_upload/in_Anlehnung_an_Traxler.jpg*

Abbildung 73: Jedes Lebewesen ist einzigartig.
Das Konzept individueller Unterschiede [66].
Unten der Hyperlink zu einem Bild dazu.

4.3   Die Betonblume

Die Abbildung 74 zeigt das Ergebnis eines eindrucksvollen Experiments: Einige Erbsen werden mit Gipsschlamm in einem Plastikbecher vermischt. Der Gips härtet rasch zu einer steinharten Masse aus. Recht bald fangen die Erbsen an zu keimen. Sie entziehen dem Gips ($CaSO_4 \cdot 2H_2O$) dabei Wasser und quellen selbst auf. Dadurch entsteht ein so hoher Druck, dass die Gesteinsmasse gesprengt wird.

Das Experiment hat einen hohen symbolischen Wert: Es zeigt den unbedingten Willen eines Lebewesens (hier einer Pflanze) zu leben und sich in seinem Überlebenskampf selbst gegen besondere widrige äußere Umstände (hier das Gips-Gefängnis) durchzusetzen.

Abbildung 74: Gipssprengende Wirkung von Erbsen [67].

Genauso wie im geschilderten Experiment mit den gipssprengenden Erbsen brechen Pflanzen auch unter Beton und Asphalt hervor. Die Natur erobert sich ihr Reich zurück. Davon handelt das Märchen von der Betonblume (Abb. 75).

Die Betonblume

Schon lange lagen der König von Betonien und die Königin der Erde miteinander im Streit. „Das ist kein Leben mehr", klagten die Lebewesen der Erde, die Ameisen, Käfer, Schmetterlinge und die vielen Pflanzensamen und Wurzeln. Sie waren eingeschlossen, konnten nicht mehr atmen, lebten wie in einem Kerker, dessen Tür zubetoniert ist. Immerfort suchten sie einen Spalt, eine Ritze, um ans Sonnenlicht zu kommen. Aber da der König von Betonien alles ordentlich und gründlich haben wollte, legte er seinen grauen, harten Mantel über die Erde, ohne sich um den Widerspruch von unten zu scheren.

Der König von Betonien hatte großartige Maschinen und Werkstätten und viele Wissenschaftler. Aber die Königin der Erde besaß das uralte Wissen vom Feuer, von den Pflanzen, von tief verschütteten Gesteinen und Erzen. In geheimen Höhlen gingen ihre Magier und Zwerge ans Werk, fügten dieses und jenes zusammen und mischten verschiedene Samen und Wurzeln. Und in einer schönen Nacht — den schönen Tag gab es ja nur oben — war es so weit: Die Betonblume war geschaffen.

Schon schlug sie zornig gegen die graue Decke. Und es gelang ihr: Sie durchbrach den Beton und drang ans Sonnenlicht. Sie war grün, hatte einen hübschen, flaumigen Silberrand und viele rotgelbe Knospen.

Auf jeder Straße und auf jedem Platz brachen Betonblumen hervor, verbreiteten sich und wurden groß wie Bäume. Auch ihre Knospen wurden größer, öffneten sich im Sonnenlicht und begannen, ganz eigenartig zu duften.

Die Arbeiter des Königs von Betonien kamen mit ihren Universalschneidemaschinen angefahren – doch da stieg der Duft in ihre Nasen und sie begannen zu vergessen, dass sie gekommen waren, um die Pflanzen abzusägen. Sie lächelten, träumten vor sich hin und schliefen schließlich ein.

Die Kinder von Betonien hatten zuerst ein wenig Angst, aber dann feierten sie ein großes Fest, das Betonblumenfest. Und sie bestaunten die eifrig umherlaufenden Ameisen, die krabbelnden Käfer, die flatternden Schmetterlinge. So etwas hatten sie noch nie gesehen. Sie kletterten auf die kräftigen Äste der Betonblume, und jedes Mal, wenn der Beton einen neuen Sprung bekam, tanzten und sprangen sie herum.

Die schönen Pflanzen waren wie ein Zeichen des Lebens und der Freude, und als sie den ganzen Betonboden der Stadt durchlöchert hatten, musste der stolze König von Betonien klein beigeben: Er schloss Frieden mit der Königin der Erde.

Und seither hat jede Straße, jeder Platz, jede Häusergruppe ihren grünen Fleck, Wiesen, Bäume und Sträucher.

Vielleicht hat der König von Betonien sich sogar selbst ein wenig geändert, vielleicht denkt er weniger an seine Maschinen und lernt es, heiter und fröhlich zu sein.

Abbildung 75: Ein Märchen aus Betonien –
Wie eine Blume ihren Lebenswillen behauptet [68].

4.4   Der kleine Prinz, seine Rose und der Fuchs

Eine der vielen tiefsinnigen und anrührenden Geschichten aus Antoine de Saint-Exupéry's »Der kleine Prinz« [23] zeigt den kleinen Prinzen, wie er sich auf seinem kleinen Planeten mit dem Fuchs über seine Rose unterhält (Abb. 76). Es geht um Verantwortung, konkret um die des kleinen Prinzen für seine *einzige* Rose, im übertragenen Sinn um die Verantwortung jedes einzelnen Menschen für den Schutz unserer Erde und die Bewahrung des Lebens darauf.

Man sieht nur mit dem Herzen gut

Auf dem Planeten Erde hatte der kleine Prinz viele Rosen in einem großen Beet betrachte und zu ihnen gesagt: „Ihr seid schön, aber ihr seid leer. Für euch kann man nicht sterben. Natürlich könnte irgendein Passant, der meine Rose zu Gesicht bekommt, glauben, dass sie wie ihr wäret. Aber in sich ist sie wichtiger als ihr alle, denn sie es ist, die ich gegossen habe. Sie ist es, die ich unter eine Glasglocke stellte. Sie ist es, die ich mit einem Wandschirm schützte. Sie ist es, deren Raupen ich tötete (mit Ausnahme von zwei oder drei der Schmetterlinge wegen). Und sie ist es auch, der ich zuhörte, wie sie sich beklagte oder prahlte oder auch manchmal schwieg. Denn sie ist meine Rose."

Zurück auf seinem kleinen Planeten, unterhielt sich der kleine Prinz mit dem Fuchs über seine einzige Rose. Zum Abschied machte der Fuchs dem kleinen Prinzen ein Geschenk. Er schenkte ihm die Quintessenz seiner Lebenserfahrungen, die ganz einfach ist: „Man sieht nur mit dem Herzen gut. Das Wesentliche ist für die Augen unsichtbar." Die Zeit, die der kleine Prinz mit seiner Blume verbracht hatte, macht seine Rose so wichtig für ihn, erklärte der Fuchs. Für all das, womit man sich vertraut gemacht hatte, wäre man verantwortlich. Und der kleine Prinz verstand, dass er für seine Rose Verantwortung tragen muss und sie nicht vergessen durfte.

https://www.exuperysprinz.de/wp-content/uploads/sites/8/2015/03/Charaktere-der-kleine-Prinz.jpg

Abbildung 76: Die Geschichte vom kleinen Prinzen, seiner Rose und dem Fuchs. Unten der Hyperlink zum Bild dazu.

4.5 Die Geschichte des kleinen Kolibris

„Warum soll ich im Winter die Heizung runterdrehen und in meiner Wohnung frieren? Stoppt meine geringe Energieersparnis die Erderwärmung?" Wer hat sich nicht schon diese Frage oder viele ähnliche Fragen gestellt? Man wird leicht von der Ohnmacht überwältigt, als Einzelperson praktisch nichts zur Lösung der schier gigantischen Probleme beitragen zu können, vor denen die Welt insgesamt heute steht.

Dazu hat die kenianische Umweltaktivistin und Friedensnobelpreisträgerin Wangari Muta Maathai eine Geschichte erzählt, welche die Bedeutung jeder einzelnen guten Tat betont, auch wenn sie noch so klein ist (Abb. 77). Denn so eine Tat ist vorbildlich und kann wie ein Katalysator wirken und Millionen andere gute Taten auslösen.

Die Geschichte vom kleinen Kolibri

Eines Tages brach im Wald ein großes Feuer aus, das drohte alles zu vernichten. Die Tiere des Waldes rannten hinaus und starrten wie gelähmt auf die brennenden Bäume.

Nur ein kleiner Kolibri sagte sich: „Ich muss etwas gegen das Feuer unternehmen." Er flog zum nächsten Fluss, nahm einen Tropfen Wasser in seinen Schnabel und ließ den Tropfen über dem Feuer fallen. Dann flog er zurück, nahm den nächsten Tropfen und so fort.

All die anderen Tiere, viel größer als er, wie der Elefant mit seinem langen Rüssel, könnten viel mehr Wasser tragen, aber all diese Tiere standen hilflos vor der Feuerwand. Und sie sagten zum Kolibri: „Was denkst du, das du tun kannst? Du bist viel zu klein. Das Feuer ist zu groß. Deine Flügel sind zu klein und dein Schnabel ist so schmal, dass du jeweils nur einen Tropfen Wasser mitnehmen kannst."

Aber als sie weiter versuchten, ihn zu entmutigen, drehte er sich um und erklärte ihnen, ohne Zeit zu verlieren: „Ich tue das, was ich kann. Ich tue mein Bestes."

https://upload.wikimedia.org/wikipedia/commons/thumb/1/16/Archilochus-alexandri-002-edit.jpg/450px-Archilochus-alexandri-002-edit.jpg

---

Abbildung 77: Die Geschichte vom kleinen Kolibri [69].
Unten der Hyperlink zum Foto eines Kolibris.

Tun wir also das Gute, weil es das Gute ist!

Literatur- und Quellenangaben

Die hier und im vorangegangenen Text angegebenen Hyperlinks wurden zuletzt am 17.5.2023 überprüft.

[1] Bundesministerium für wirtschaftliche Zusammenarbeit und Entwicklung: Agenda 2030 – Die globalen Ziele für nachhaltige Entwicklung. – https://www.bmz.de/de/agenda-2030
[2] M. Göpel: Unsere Welt neu denken – eine Einladung. –
3. Auflage, Ullstein Buchverlage, Berlin 2020
[3] V. Wiskamp: Die globale Metakrise aus dem Blickwinkel der Chemie – Vorschläge für Seminare und Projektarbeiten. –
Books on Demand, Norderstedt 2021
[4] V. Wiskamp: „Geh' mir aus der Sonne" – Das Ökologische Manifest – 95 Thesen – Chemie-Lehrende aller Länder, vereinigt euch! – Books on Demand, Norderstedt 2021
[5] V. Wiskamp: Vom Anthropozän ins Symbiozän –
Eine virtuelle Museumsausstellung mit Begleitseminar. –
Books on Demand, Norderstedt 2021
[6] V. Wiskamp: Chemie und Nachhaltigkeit – Eine Chemie-Vorlesung für Studierende der *Nicht*-MINT-Fächer. –
Books on Demand, Norderstedt 2022
[7] V. Wiskamp, mit P. Shoghian, M. Ben Nticha, M. M'hamdi Alaoui, K. Lemalmi, H. Moradi, M. Ben Hamouda, H. Bark und N. Brosch: Leben zwischen Kampf und Kooperation – Eine chemiedidaktische Reflexion. –
Books on Demand, Norderstedt 2022
[8] E. Callenbach: Ökotopia. – Philipp Reclam jun. Verlag, Ditzingen 2022
[9] J. Reimer: Was mit dem Hochseeabkommen beschlossen wurde. – Deutschlandfunk, 5.4.2023. –
https://www.deutschlandfunk.de/meeresschutz-abkommen-hohe-see-vereinte-nationen-100.html
[10] F. Tanneberger, V. Schroeder: Das Moor – Über eine faszinierende Welt zwischen Wasser und Land und warum sie für unser Klima so wichtig ist. – dtv Verlag, München 2023
[11] P. Probersch, V. Wiskamp: Die Moor-Wende für mehr Klimaschutz. – Rezension zu [10]. –
Chemie in Labor und Biotechnik (CLB) 74 (2023), im Druck

[12] M. Ben Hamouda, S. A. Motamedian, V. Wiskamp:
25 Jahre »Green Chemistry« – Würdigung des wegweisenden
Lehrbuches von Paul T. Anastas und John C. Warner. – Chemie
in Labor und Biotechnik (CLB) 74 (2023), Heft 7-8, im Druck
[13] S. A. Motamedian, V. Wiskamp:
Ausbeute, Atomökonomie, Umweltfaktor – Analytische Daten
und deren ökologische Bewertung. –
Analytik News (Das Online Labormagazin), im Druck
[14] M. Czernik, W. Proske, V. Wiskamp: Analytik und
Nachhaltigkeit – Einfache Versuche, die Kinder und Jugendliche
staunen lassen. – Analytik News (Das Online Labormagazin),
4.5.2023; https://analytik.news/fachartikel/2023/19.html
[15] A. Dürer: Die vier apokalyptischen Reiter. –
https://de.wikipedia.org/wiki/Apokalypse_(D%C3%BCrer)
[16] [3], Kap. 11.3, S. 226-230
[17] J. Hollcoat: The Road. – Senator Dimension Films, 2009. –
Trailer: https://www.youtube.com/watch?v=9mZOZaCVc1k
[18] R. Emmerich: 2012 – Das Ende der Welt. – Columbia,
2009. – Trailer: https://www.kino-zeit.de/film-kritiken-trailer-
streaming/2012#lg=1&slide=0
[19] R. Emmerich: The Day After Tomorrow. –
Twenty Century Fox, 2004. –
Trailer: https://www.youtube.com/watch?v=6hAv1ttkbFY
[20] F. Schwarz: Penetrantes Naturbewusstsein trägt Früchte –
Ernest Callenbachs Roman „Ökotopia", der als Klassiker der
Umweltbewegung gilt, erscheint in neuer Übersetzung. –
Frankfurter Allgemeine Zeitung, 25.2.2023, Nr. 48, S. 10
(Literatur und Sachbuch)
[21] V. Wiskamp: Schöne Neue Hochschul-Welt – Wie Chat-
GPT zum Studium der Chemie- und Biotechnologie zugelassen
wurde. – Chemie in Labor und Biotechnik (CLB) 74 (2023),
Heft 5-6, S. 218-224
[22] V. Wiskamp: Ist GPT-4 ein guter Student der Analytischen
Chemie? – Wie Künstliche Intelligenz Klausurfragen
beantwortet. – Chemie in Labor und Biotechnik (CLB) 74
(2023), Heft 5-6, S. 226-237
[23] A. de Saint-Exupéry: Der kleine Prinz. –
Karl Rauch Verlag, Düsseldorf 1976, S. 52-53
[24] [7], Kap. 2, S. 38-48
[25] A. Frey: Im Tiefenrausch. – Frankfurter Allgemeine
Sonntagszeitung, 23.4.2023, Nr. 16, S. 55 (Wissenschaft)

[26] C. Heil: Go East – Immer mehr Kaliformier verlassen ihren Bundesstaat. – Frankfurter Allgemeine Zeitung, 12.4.2023, Nr. 85, S. 6 (Deutschland und die Welt)

[27] V. Wiskamp, S. Ghimire: Über Noah und dem *homo parasiticus* – Rezension zu L. Frenz »Wer wird überleben? – Die Zukunft von Mensch und Natur«. – Rowohlt, Berlin 2021. – Chemie in Labor und Biotechnik (CLB) 72 (2021), Heft 9-10, S. 485

[28] B. Kegel: Die Natur der Zukunft – Tier- und Pflanzenwelt in Zeiten des Klimawandels. – DuMont Buchverlag, Köln 2021

[29] I. Kant: Zum ewigen Frieden. Ein philosophischer Entwurf. – Königsberg 1795. – https://www.gutenberg.org/cache/e-pub/46873/pg46873-images.html

[30] M. Mühl: „Die ukrainischen Nazis bringen dich um" – Russland verschleppt systematisch ukrainische Kinder. – Frankfurter Allgemeine Zeitung, 13.4.2023, Nr. 86, S. 9 (Feuilleton)

[31] Y. N. Harari: Homo Deus – Eine Geschichte von Morgen. – 13. Aufl., Verlag C.H.Beck, München 2017

[32] E. Fromm: Haben oder Sein. Die seelischen Grundlagen einer neuen Gesellschaft. – Deutsche Verlagsanstalt, Stuttgart 1976

[33] D. L. Meadows, D. Meadows, E. Zahn, P. Milling: Die Grenzen des Wachstums – Bericht des Club of Rome zur Lage der Menschheit. – Deutsche Verlags-Anstalt, Stuttgart 1972

[34] https://de.wikipedia.org/wiki/Desertec

[35] F. zu Löwenstein: Food Crash – wir werden uns ökologisch ernähren oder gar nicht mehr. – Pattloch Verlag, München 2011

[36] https://de.wikipedia.org/wiki/Hans_Carl_von_Carlowitz

[37] N. Paech: Befreiung vom Überfluss – auf dem Weg in die Postwachstumsökonomie. – oekom verlag, München 2012

[38] S. Latouche: Es reicht – Abrechnung mit dem Wachstumswahn. – oekom verlag, München 2015

[39] T. Jackson: Wohlstand ohne Wachstum – Grundlagen für eine zukunftsfähige Wirtschaft. – oekom verlag, München 2017

[40] https://openai.com/ und https://en.wikipedia.org/wiki/ChatGPT

[41] R. Kickuth: Verständlich ohne Verständnis – Komplexe neuronale Netze: Die Technik hinter ChatGPT et al. – Chemie in Labor und Biotechnik (CLB) 74 (2023), Heft 5-6, S. 238-250

[42] H. Moradi, V. Wiskamp: Zeitreise mit ChatGPT-4 als
Reiseleiter – Aus der Geschichte für eine nachhaltige Zukunft
lernen. – Chemie in Labor und Biotechnik (CLB) 74 (2023),
im Druck
[43] S. S. Biswas: Potential Use of Chat GPT in Global
Warming. – Ann. Biomed. Eng. (1.3.2023);
https://doi.org/10.1007/s10439-023-03171-8 oder https://pub-
med.ncbi.nlm.nih.gov/36856927/
[44] https://de.wikipedia.org/wiki/Radiokarbonmethode
[45] Studyflix;
https://studyflix.de/ingenieurwissenschaften/c14-methode-2117
[46] https://de.wikipedia.org/wiki/CO2-Abscheidung_und_-
Speicherung
[47] https://de.wikipedia.org/wiki/Kreide_(Geologie)
[48] https://de.wikipedia.org/wiki/Kaltzeit
[49] https://de.wikipedia.org/wiki/Golfstrom
[50] https://de.wikipedia.org/wiki/J%C3%A4ger_und_Sammler
[51] https://de.wikipedia.org/wiki/Indigene_V%C3%B6lker
[52] Y. N. Harari: Eine kurze Geschichte der Menschheit. –
35. Aufl., Pantheon Verlag, München 2015
[53] https://de.wikipedia.org/wiki/Torf
[54] https://de.wikipedia.org/wiki/Moor
[55] P. Sloterdijk: Die Reue des Prometheus – von der Gabe des
Feuers zur globalen Brandstiftung. –
edition suhrkamp, Suhrkamp Verlag, Berlin 2023
[56] R. Maag: Wie die Entdeckung Amerikas das Klima kühlte.
– 20.10.2018; https://www.20min.ch/story/wie-die-entdeckung-
amerikas-das-klima-kuehlte-699927942348
[57] https://de.wikipedia.org/wiki/Jahr_ohne_Sommer
[58] https://de.wikipedia.org/wiki/Geoengineering
[59] K. Branagh: Mary Shelley's Frankenstein. – Tristar, 1994. –
Trailer: https://www.youtube.com/watch?v=GFaY7r73BIs
[60] https://de.wikipedia.org/wiki/Transhumanismus
[61] [3], Kap. 11.3, S. 232-233
[62] L. Becker: „Jede Lehrkraft muss sich mit ChatGPT
befassen." – Frankfurter Allgemeine Zeitung, 18.4.2023, Nr. 90,
S. 16 (Wirtschaft)
[63] C. Bermes, A. Dörpinghaus: Wer hat Angst vor ChatGPT?
– Denken lässt sich nicht delegieren. – Frankfurter Allgemeine
Zeitung, 19.4.2023, Nr. 91, S. N 4 (Forschung und Lehre)

[64] J. Bender: Klimakiller Internet. – Frankfurter Allgemeine
Sonntagszeitung, 23.4.2023, Nr. 16, S. 1
[65] W. Holzwarth, W. Erlbruch: Vom kleinen Maulwurf,
der wissen wollte, wer ihm auf den Kopf gemacht hat. –
Hammer-Verlag, Leipzig 1989
[66] Quelle unbekannt
[67] V. Wiskamp: Naturwissenschaftliches Experimentieren –
nicht erst ab Klasse 7. –
3. Aufl. (inkl. CD-ROM), Shaker Verlag, Aachen 2008
[68] H. Wilken: Kinder werden Umweltfreunde –
Umweltbildung in Kindergarten und Grundschule. –
Don Bosco Verlag, München 2002, S. 41-42
[69] https://www.grundschule-beerfurth.de/PDF/Texte_Fi-
sche%20am%20Strand%20und%20Kolibri.pdf

Das Team

Prof. Dr. Volker Wiskamp unterrichtete seit 1989 im Fachbereich Chemie- und Biotechnologie der Hochschule Darmstadt die chemischen Basisfächer mit dem fachdidaktischen Schwerpunkt Umweltschutz und Ökologie. Seit April 2023 ist er im Ruhestand.

Im Sommersemester 2023 hat Prof. Wiskamp Projekt- bzw. Bachelorarbeiten seiner fünf Koautorinnen dieses Buches, Studentinnen der Chemischen Technologie bzw. Biotechnologie betreut:

Myriam Ben Nticha (oben Mitte), Mojgan Czernik (oben rechts), Hasareh Moradi (unten links), Sara Anna Motamedian (unten Mitte) und Paulina Probersch (unten rechts).

Kontaktanschrift:
Prof. Dr. Volker Wiskamp
E-Mail: volker.wiskamp@h-da.de

BoD-Bücher von V. Wiskamp

Im Verlag Books on Demand (BoD, https://www.bod.de/) sind die hier abgebildeten Bücher (auch als E-Books erhältlich), von Volker Wiskamp erschienen [3-7]:

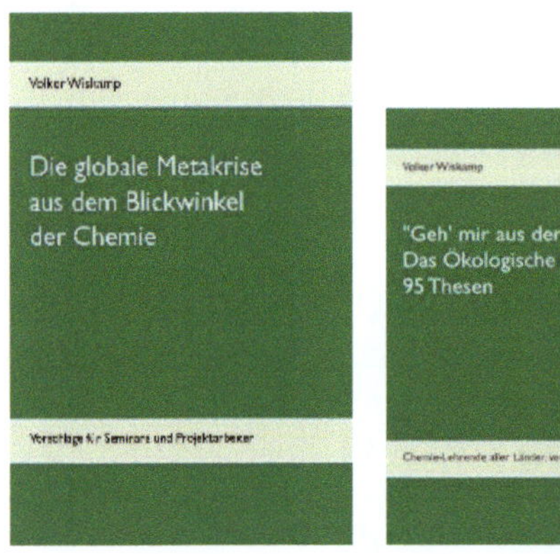

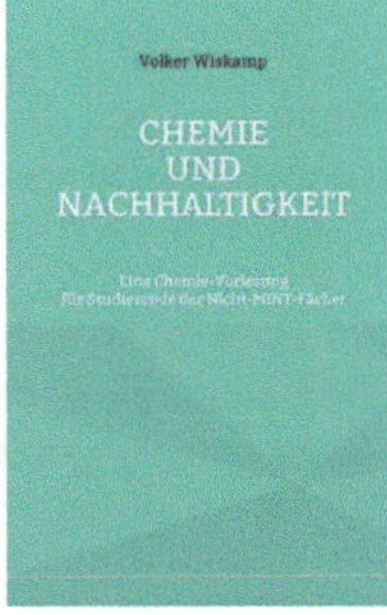